Die christliche Predigt

im

Verhältniß zum Bildungsstande der Zeit.

Eine Bearbeitung

der vom Königlichen Consistorium den schlesischen Herbstsynoden des Jahres zur Berathung gegebenen Proposition: „Ist der Vorwurf als begründet anzuerkennen, daß die Mehrzahl unserer Predigten ebensowenig zeitgemäß als den neutestamentlichen Vorbildern ähnlich sei?"

Vorgetragen

auf dem Synodal-Convente zu Breslau, den 13. November 1862,

von

Dr. Groeger,
Diakonus zu St. Maria Magdalena.

Berlin.
Druck und Verlag von Georg Reimer.
1863.

Die vom Hochwürdigen Consistorium den schlesischen Herbstsynoden vorgelegte Proposition lautet: „Ist der Vorwurf gegründet, daß die Mehrzahl unserer Predigten ebenso wenig zeitgemäß als den neutestamentlichen Vorbildern ähnlich sei?“ Diese Frage kann allerdings in sehr verschiedenem Sinne aufgefaßt werden; doch sieht der Bearbeiter der Proposition nach seinem Standpunkte in obiger Frage die Anerkennung ausgesprochen, daß die Predigt zwar einerseits apostolisch, aber andererseits doch auch dem Bildungsstande der Zeit angemessen sein müsse. Nun kann es zwar als allgemein zugestanden betrachtet werden, daß in allen Zeitepochen der Kirche der Bildungsstand der Zeit auf die Predigtweise Einfluß geübt und derselben sein Gepräge aufgedrückt habe, aber eine andere Frage ist es, ob dadurch nicht oft genug der apostolische Charakter der Predigten alterirt worden sei. So sind wir denn nothwendig auf den historischen Weg der Betrachtung hingewiesen, um zu ermitteln, wie in den verschiedenen Perioden der Kirche das apostolische und das zeitgemäße Element der Predigt sich zu einander verhalten haben. Auf diesem Wege werden wir zuletzt auch bei der Gegenwart anlangen und am besten im Stande sein, zu beurtheilen, ob die Mehrzahl unserer Predigten sowohl apostolisch als zeitgemäß sei.

Die nächste Aufgabe muß es selbstverständlich sein, die in der heiligen Schrift enthaltenen Zeugnisse apostolischer Predigten zusammen zu stellen. Wir finden sie in der Apostelgeschichte, und zwar Kap. 2, 14—40; 3, 12—16; 4, 8—12; 19. 20; 5, 29—32; 10, 28—43;

11, 5—17; 7, 2—53; 8, 30—38; 13, 16—41. 46. 47; 14, 15—17; 16, 31; 17, 22—31; 18, 5 ff.; 19, 2—4; 20, 18—35; 22, 1—21; 23, 1 ff.; 24, 10—21; 26, 2—23. 25—27. 29; 27, 10. 21—26. 31. 33; 8, 17—20. 26—28.

Demnächst dürfte es sich empfehlen, den Gedankengehalt dieser Predigten nach den uns geläufigen dogmatischen Gesichtspunkten übersichtlich zu ordnen.

1. Die Theologie der apostolischen Predigt.

Paulus bezeugte den Heiden zu Athen und Lystra Gott als den, der die Welt gemacht und Alles, was darinnen ist, sintemal er ein Herr ist Himmels und der Erden, wohnet nicht in Tempeln mit Händen gemacht, er selbst giebt Jedermann Leben und Odem allenthalben, und hat gemacht, daß von Einem Blute aller Menschen Geschlechter auf Erden wohnen; er ist nicht ferne von einem Jeglichen unter uns, denn in ihm leben, weben und sind wir. Aber nicht blos die Schöpfung, sondern auch die Erlösung ist seine That; Stephanus führt den Juden die gesammte Geschichte Israels vor, um darin das die Erlösung vorbereitende Walten Gottes aufzuzeigen. Paulus weist zu Lystra darauf hin, daß Gott sich auch den Heiden nicht unbezeugt gelassen, und weist Kap. 20, 27 zu Milet nach, daß das ganze Erlösungswerk der Rath Gottes sei.

2. Die Christologie der apostolischen Predigt.

Petrus predigt Jesum von Nazareth, den Mann von Gott, mit Thaten und Wundern und Zeichen bewiesen, 2, 22. „Den habt ihr getödtet, aber Gott hat ihn auferweckt,“ V. 23. 24 (vgl. 13, 30; 17, 31.) und zu seiner Rechten erhöhet, von wo er uns seinen Geist gibt, 2, 33. Diesen gekreuzigten Jesus hat Gott zu einem Herrn und Christ gemacht, V. 36. Ihr habt verleugnet den Heiligen und Gerechten, habt den Fürsten des Lebens getödtet, aber Gott hat ihn auferweckt von den Todten, 3, 13—15; der Stein, von den Bauleuten verworfen, ist zum Eckstein geworden, und ist in keinem Andern Heil, ist auch kein andrer Name den Menschen gegeben, darin sie sollen selig werden, 4, 11. 12. Gott hat ihn erhöhet zu einem Fürsten und Heilande, zu geben Israel Buße und Vergebung der Sünden, 5, 30. 31. Gott hat denselben Jesum von Nazareth gesalbt mit dem heiligen Geist und Kraft, er ist umhergezogen und hat wohlgethan und gesund gemacht, 10, 38. Gott hat den Frieden verkündigen lassen durch Jesum Christum, welcher ein Herr ist über alles, 4, 36. Petrus erklärt, daß nicht er das Wunderwerk an dem Lahmen gethan hat, sondern Christus, „denn Gott hat sein Kind verklärt, 3, 13., Gott hat sein Kind Jesum auferweckt.“ — Paulus bezeugt, daß Gott aus dem Geschlechte des David Jesum gezeugt habe dem Volke Israel zum Heilande, 13, 23; durch ihn wird verkündigt Vergebung der Sünden, V. 38; Gott hat ihn den Heiden zum Licht gesetzt, V. 47; er ist der Mann, durch welchen Gott den Erdkreis richten wird, 17, 31. Das Hauptthema der Predigten des Paulus ist aber, daß Jesus der Christus sei. Er bewährte vor den Juden zu Damaskus, daß Jesus der Christ sei, 9, 22, er bezeugte zu Korinth den ungläubigen Juden, daß Jesus der Christ ist, 18, 5; er belehrt die Johannesjünger, wie schon der Täufer Jesum bezeugt habe, daß er der Christ sei, 19, 4; er legte den Thessalonichern vor, daß Jesus der Christ ist, 17, 3.

3. Die Soterologie der apostolischen Kirche.

Petrus verkündigt dem Cornelius: „von diesem zeugen alle Propheten, daß durch seinen Namen alle, die an ihn glauben, Vergebung der Sünden empfangen sollen,“ 10, 43. Paulus spricht zu Antiochia: „so sei es nun euch kund, daß euch verkündigt wird Vergebung der Sünden durch diesen und von dem allen, durch welches ihr nicht konntet im Gesetz des Moses gerecht werden, wer aber an diesen glaubt, der ist gerecht, 13, 38. 39. Als den Weg des Heils verkündigt Paulus die Buße zu Gott und den Glauben an unsern Herrn Jesum Christum, 20, 21.

4. Die Eschatologie der apostolischen Kirche.

Christus regiert zur Rechten Gottes, bis alle Feinde zum Schemel seiner Füße gemacht sind, 2, 35. Er ist verordnet von Gott ein Richter der Lebendigen und Todten, 10, 42. Gott hat einen Tag gesetzt, an welchem er richten wird den Kreis des Erdbodens mit Gerechtigkeit durch einen Mann, in welchem er es beschlossen hat, 17, 31.

5. Die Begründung der apostolischen Predigt.

Sie liegt in den Weissagungen der Propheten; sie haben Tod und Auferstehung Christi, sowie seine Erhöhung zur Rechten Gottes verkündigt, 2, 20. 25—28. Jesus ist außerdem als der Christus durch die Verheißung des Abraham beglaubigt, 7, 6., sowie durch die des Moses, V. 37, desgleichen durch die vergangene Geschichte Israels, 13, 16—23. Philippus wies dem Kämmerer nach, daß durch Jesus die Weissagungen des Jesaias von dem leidenden und erhöhten Christus erfüllt seien, 8, 30—38. Die, welche Jesum zu Jerusalem verurtheilten, kannten weder ihn noch die Stimme der Propheten, V. 27.

Bei dieser einfachen apostolischen Predigt blieb das christlich-kirchliche Bewußtsein nicht stehen. In der einfachen Verkündigung, daß Gott Jesum Christum gesendet und mit heiligem Geiste ausgerüstet habe, daß durch den leidenden, sterbenden und auferstandenen Christus ein Versöhnung zwischen Gott und den Menschen gestiftet sei, und denen zu Theil werde, welche an ihn glauben, und daß der erhöhte Christus den Seinigen den Geist sende, in dieser schlichten Evangeliumspredigt lag ein unermeßlicher Gedankeninhalt zusammen gefaltet. Denselben sich zum Bewußtsein zu bringen, hatte man um so größeres Verlangen, je tiefer man sich von der beseligenden Botschaft des Evangeliums ergriffen fühlte, und so vertiefte sich die denkende Betrachtung in dieselbe, um aus den darin enthaltenen Andeutungen ein recht umfassendes Bewußtsein zu gewinnen über Grund und Nothwendigkeit der Erlösung, über Zweck und Ziel derselben, über die Art, wie sie zu Stande gekommen, über die Bedingungen der Theilnahme an derselben, über Person und Würde des Erlösers, über die Zukunft des Reiches Gottes u. s. w. Das Ergebniß dieser denkenden Vertiefung war eine Theologie, deren Grundzüge uns schon in den Paulinischen Briefen vorliegen, und als deren Fortsetzung und Erweiterung wir die Arbeit der Kirchenväter anzusehen haben. Jeder einzelne Satz der apostolischen Predigt erschien der Betrachtung als eine Kategorie, die eine Menge besonderer Bestimmungen unausgesprochen in sich enthielt. Bei dem Bestreben, den darin verborgenen, unendlich reichen und umfassenden Wahrheitsgehalt zu erkennen, entwickelte sich ein mächtiger Streit der Ansichten und Auffassungen, woraus im Laufe der ersten sechs Jahrhunderte eine fest gegliederte Glaubenslehre hervorging. Dem Evangelium glauben, hieß fortan dieser Lehre glauben *). Um einseitige und falsche Auffassungen abzuweisen, war nach und nach jedes Moment der Evangeliumspredigt in eine fest umgrenzte Glaubensformel ausgeprägt worden; zwischen den einzelnen Glaubensstücken war ein innerer consequenter Zusammenhang hergestellt und der Inhalt derselben gedankenmäßig auseinander gelegt worden. An dieser Arbeit hatten sich die einzelnen Theile der Kirche je nach ihrem Charakter betheiligt, und zwar war in der griechisch-orientalischen Kirche besonders die Theologie und Christologie, in der lateinischen Kirche besonders die Anthropologie und Soterologie ausgebildet worden. Und dies alles war keine Verirrung. Dies könnte nur von Denen behauptet werden, welche oberflächlicher Weise von der nothwendigen Zurückführung des Urchristenthums reden, dessen Vortrefflichkeit in seiner Dogmenlosigkeit bestanden haben soll. Gewiß! Wäre eine solche Zurückführung überhaupt möglich, die erste Lebenserweisung des hergestellten Urchristenthums müßte dann abermals die Entwickelung der Lehre, also die Wiederaufnahme jener dogmatischen Arbeit der Kirchenväter sein, welche die christliche Religion corrumpirt haben soll **). Damit ist nicht gesagt, daß die patristischen Dogmen in allen Beziehungen die unvermeidliche Consequenz der einfachen Evangeliumspredigt gewesen seien, und daß in jedem von der apostolischen Kirche recipirten Dogma der ursprüngliche christliche Glaubensgehalt für alle Zeiten richtig formulirt sei, aber die Tendenz der Patristik, den Inhalt der schlichten Evangeliumspredigt in recht ausführlicher Weise für das Verständniß zu gewinnen,

*) Braniß, Religion und Philosophie, Abhandlung in Sulkow's Prophet, 1843, 2. Band, S. 180. 181.

**) Braniß, Geschichte der Philosophie, 1. Band, S. 364.

war durchaus berechtigt, ja war durch den Geist des Evangeliums, welches sich ebenso an die denkende Vernunft, wie an Wille und Gefühl richtet, unmittelbar gefordert. Gründete ja doch Christus das Reich Gottes auf Erden nicht bloß als ein Reich der Gnade, sondern auch der Wahrheit und sagt von seinen rechten Jüngern, sie werden die Wahrheit erkennen. Ermahnt ja doch Paulus die junge Gemeinde nur in der Bosheit, aber nicht in der Verständniß Kinder zu bleiben *), und leitet sie selbst von der Milch des Glaubens zu der stärkeren Geistesspeise des Erkennens hinüber. Jenes ernste theologische Streben blieb natürlich nicht ohne Einfluß auf die Predigt, welche vielmehr die theologischen Kämpfe der Zeit in sich abspiegelte. Jetzt genügte nicht mehr das einfache Wort des Petrus, daß Christus zur Rechten des Vaters erhöhet sei, von wo er uns den Geist gibt, sondern auch in der Predigt handelte es sich um den Ausgang des Geistes vom Vater oder Sohne. Jetzt genügten nicht mehr die einfachen christologischen Bestimmungen der apostolischen Predigt, sondern die Frage war nach dem Rangverhältnisse des Sohnes. Der Streit um die Trinität, über die zwei Naturen in Christo, über das Wesen des Menschen wurde nicht bloß auf Concilien und in der Wissenschaft, sondern auch auf den Kanzeln geführt und setzte sich bis in die untersten Schichten des Volkes fort, wie es der Bericht Gregors von Nazianz über die kirchlichen Zustände in Constantinopel beschreibt, wo es heißt: Die Stadt ist voll Handwerkern und Sklaven, welche alle tiefe Theologen sind und in ihren Werkstätten und auf den Straßen predigen. Wenn ihr von einem Manne ein Silberstück gewechselt haben wollt, so belehrt er euch, wodurch der Vater von dem Sohne unterschieden sei; wenn ihr nach dem Preis eines Laibs Brod fragt, so wird euch zur Antwort, daß der Sohn geringer sei als der Vater, und wenn ihr fragt, ob das Brod fertig, so erwidert man euch, daß der Sohn aus Nichts geworden **).

Indessen war die theologische Entwickelung mit der Patristik nicht ans Ende gelangt; in ihr hatte es sich nur um das quid facti? gehandelt, d. h. man wollte das in der Evangeliumspredigt thatsächlich

*) Braniß, Geschichte der Phil., 1. Band, S. 363, und Religion und Phil. S. 177. 179.

**) Hegel, Philosophie der Geschichte S. 142.

Gegebene nach seinem ganzen Umfange ermitteln und in das rechte Licht stellen, wobei der Inhalt schon darum als wahr betrachtet wurde, weil er gegeben oder durch Offenbarung empfangen war. Ein weiterer und nicht ausbleiben könnender Schritt in der theologischen Entwickelung war es, der innern Wahrheit und Nothwendigkeit des christlichen Glaubensinhaltes inne zu werden, d. h. nachzuweisen, daß derselbe nicht blos darum wahr sei, weil er uns durch Offenbarung gegeben ist, sondern weil das Denken bei consequenter Durchführung aus eigener Entwickelung die Wahrheit des im Glauben Gegebenen zu bestätigen vermag. Diese fortgesetzte theologische Arbeit war die Scholastik. Sie ging keineswegs vom Zweifel, sondern vom Glauben aus. Dem Anselmus war nicht etwa irgendwie zweifelhaft und nicht hinreichend verbürgt, was die Schrift von Gottes Dasein und Wesen, von Trinität, Weltschöpfung und Welterlösung sagt, vielmehr hatte er in seinem credo eine ganz zweifellose Gewißheit darüber; aber der terminus ad quem war ihm das intelligere, d. h. er wollte erkennen, daß das mit völliger Energie sich ausgestaltende Denken auch zugleich aus innerer Denknothwendigkeit zur Anerkennung des im Glauben Gegebenen gedrängt werde. So weist er z. B. nach, wie das in den Begriff Gottes sich vertiefende Denken aus der richtigen Erfassung seines Wesens mit Nothwendigkeit zur Anerkennung seines Daseins geführt werde *). Und so fuhren die folgenden großen scholastischen Theologen in dem Bestreben fort, das durch Offenbarung Gegebene zugleich als ein vom Denken aus eigener Erkenntnißkraft Hervorzubringendes zu betrachten, damit die Wahrheit zugleich als Effekt der innern Nothwendigkeit des Denkens selbst auftrete. In der Scholastik erzeugte das gläubige Bewußtsein eine solche Erkenntniß und anerkannte sie als nothwendige Ergänzung des Glaubens. Die christliche Gottesidee war und blieb für das Gefühl ein Empfangenes, eine Gnadengabe und zugleich für den denkenden Geist ein von ihm selbst freithätig Erzeugtes. Die vom Glauben am innigsten bewegten Gemüther waren zugleich die tiefsten und schärfsten speculativen Forscher **). Auch diese Theologie blieb

---

*) Braniß, Geschichte der Phil. S. 411—420.
**) Braniß, Religion und Phil. S. 183.

nicht ohne Einfluß auf die Predigt. Es ist selbstverständlich, daß die Trinitätslehre des Anselmus, die Contemplationstheorie Richards von St. Viktor, die Kämpfe des Nominalismus und Realismus, die Theodicee des Thomas von Aquino ihren Wiederklang in der Predigt fanden. Ja, diese Epoche giebt uns noch außerdem den Beweis, wie alles, was überhaupt eine Zeit geistig beherrscht, seinen Weg in die Predigt findet. Es war nämlich die Scholastik, wenn auch weniger materiell, so doch formell durch Aristoteles sehr wesentlich gefördert worden*). Am Ende des zwölften Jahrhunderts steigerte sich die Verehrung, die man ihm widmete, zu einer so abgöttischen, daß Widersprüche gegen ihn wie Häresie betrachtet wurden; über seine Ethik wurde gepredigt, und man meinte, sie könne die christliche ersetzen. — Schließlich ist noch zur Scholastik zu bemerken, daß dieselbe weder eine Verirrung noch eine Willkür des theologischen Geistes war, vielmehr ging der Trieb des Denkens, eine solche Stellung einzunehmen, rein aus der christlichen Idee selbst hervor. War ja doch auch schon in der apostolischen Predigt die Aufgabe der Scholastik angedeutet, denn auch in ihr tritt die christliche Wahrheit nicht als bloße Thatsache auf, sondern es wird auf die Nothwendigkeit der erlösenden Thaten Christi oder ihre Begründung hingewiesen, indem dieselben als die Erfüllung dessen dargestellt werden, was durch Moses und die Propheten im Voraus verkündigt war. Fügen ja doch auch die Evangelisten bei ihren Berichten über Ereignisse aus dem Leben Jesu gern hinzu: solches geschah oder mußte geschehen, auf daß erfüllt werde u. s. w. Und als der auferstandene Erlöser auf dem Wege nach Emmaus die beiden schwankend gewordenen Jünger im Glauben befestigen wollte, begann er mit den Worten: mußte nicht Christus solches leiden? Dieses „Müssens", dieser Nothwendigkeit inne zu werden, galt es also von Anfang an; nur daß, so lange das Evangelium sich blos an Juden richtete, denen die messianische Weissagung der absolute Maßstab der Wahrheit war, der ganze Lebensinhalt Christi schon durch die bloße Uebereinstimmung mit der Prophetie unmittelbar zu einem nothwendigen wurde. Nachdem aber die christliche Wahrheit als Lehre Eigenthum des denkenden Bewußt-

*) Braniß, Geschichte der Phil. S. 403—405.

seins geworden war, mußte sich ihre Nothwendigkeit als Gedanke an sich aufzeigen, d. h. sie mußte in ihrer Wahrheit durch das folgerichtige Denken selbst bewährt werden*) So war denn die Scholastik ein nothwendiges Moment in der Entwickelung der christlichen Theologie und wurde auch von der Kirche dafür angesehen; denn wenn sie auch von einer Partei, an deren Spitze Bernhard von Klairvaux stand, angefeindet wurde, so war dies doch eben nur eine Partei und nicht die Kirche selbst, welche vielmehr sammt dem damaligen Papstthum den lebendigsten Antheil an der Philosophie nahm und sie gegen die Partei schützte, welche damals dem wissenschaftlichen Streben gefährlich zu werden drohte. Freilich ließen manche Einzelne im Bewußtsein ihrer dialektischen Kraft das Interesse an der Wahrheit hinter der Lust am Disputiren zurücktreten **), und da mögen denn die Predigten geworden sein, was sie am wenigsten sein sollen, — dialektische Künsteleien. Aber dies betraf die Ausartung der Scholastik, nicht aber ihre Blüthe.

Von der Predigtweise der letzten Jahrhunderte des Mittelalters dürfte wenig zu sagen sein, da mit der sich durchführenden hierarchischen Ordnung des Gottesdienstes die Predigt immer mehr zurücktrat, indem für dieselbe kaum noch Raum übrig blieb. Vielmehr waren es die hervortretenden reformatorischen Regungen, welche wieder auf die Predigt Werth legten. Die volksthümliche Predigt eines Eckart, Tauler, Suso hatte ebenso ihr Motiv an der Opposition gegen das papistische Kirchenthum, als sie auch ihrerseits jenes volle Bewußtsein von der Würde und Freiheit des Christen in der Gemeinde entwickeln half, welches in der Reformation mit so siegreicher Gewalt hervortrat. — Noch möge aus dem funfzehnten Jahrhundert ein Zeugniß dafür angeführt werden, wie herrschende Zeitrichtungen sich in der Predigt zu spiegeln pflegen. Während bei den ernsteren und tieferen Deutschen die Pflege der humaniora durch Aufklärung der Geister die Reformation vorbereiten half, veranlaßte sie in Italien bei vielen eine Abwendung vom Christenthume. Luther nannte diese Partei, deren Mittel-

*) Braniß, Religion und Phil. S. 181. 182.

**) Braniß, Geschichte der Phil. S. 429.

punkt die Florentinische Akademie war, mit Recht Epikuräer. Unser gelehrter Mitbürger, Dr. Schück, erzählt in seinem Aldus Manutius, wie man sich aus Christenthum, Moses, Plato, Plotin, Arabern, Chaldäern, Aegyptern ein buntes System zusammensetzte; so Picus von Mirandola, Marsilius Ficinus. Vielen war das Christenthum ein äußerliches Factum, das des Volkes wegen nicht angegriffen werden dürfe. Selbst in Predigten wollte der Redner vorzugsweise mit Belesenheit in den Alten glänzen. Erasmus erzählt in seinem Ciceronianus, wie er einen Ciceronianer an Ostern vor Papst Julius II. predigen hörte. Er nannte den Papst Jupiter optimus, maximus, der mit mächtiger Hand den Blitz schleudere und alles regiere. Nach langem Lobe des Papstes sei er auch auf die Decier, Kurtius und Andere gekommen, die für das Vaterland den Opfertod gestorben, und sei zuletzt auch ein wenig von dem Tode Christi die Rede gewesen, Alles unter ängstlicher Vermeidung von Wörtern und Wendungen, die nicht durch Cicero's Autorität gestützt wurden. Politian, der gelehrteste Italiener des funfzehnten Jahrhunderts, dabei Priester, stellte die Gesänge Pindar's über die Psalmen.

Indem wir uns zur Reformation und zur protestantischen Predigt wenden, möge zuvörderst an die bekannte Thatsache erinnert werden, daß die Theologie der neuen Kirche, vom Schriftwort als maßgebendem Grunde des Glaubensinhaltes ausgehend, eine neue Entwickelung der Lehre begann, worin sie, je nach ihrem besondern confessionellen Gesichtspunkte, die Resultate der alten Dogmenbildung theils biblisch rechtfertigte, theils als schriftwidrig verwarf, — eine Entwickelung, in welcher alle Zuckungen und Kämpfe der patristischen Zeit in Bezug auf Rechtgläubigkeit und Irrlehre wieder aufzuleben schienen *). Und wie die Predigt der patristischen Zeit keineswegs nur die einfache Apostelpredigt wiederholte, sondern sich auf dem Boden des aus ihr entwickelten reichhaltigen Glaubenssystemes bewegte, so war auch die reformatorische Predigt keine bloße Rückkehr zur ersten apostolischen Evangeliumsverkündigung, sondern sprach den gesammten Lehrbegriff der neuen Kirche aus, welchem bereits diejenige Entwickelung zum Grunde liegt,

*) Braniß, Hodegetik S. 317.

welche die Apostelpredigt namentlich in den Briefen des Paulus gefunden hatte. Allerdings hatte Paulus schon in der Predigt zu Antiochia die Rechtfertigung aus dem Glauben berührt, wenn er sagte: so sei es nun euch kund, daß euch verkündigt wird Vergebung der Sünden durch diesen und von allem, durch welches ihr nicht konntet im Gesetz des Moses gerecht werden; wer an diesen glaubt, der ist gerecht. Dagegen zu dem architektonisch gegliederten Rechtfertigungsdogma der Lutherischen Dogmatik konnten die Baustücke nur aus den Paulinischen Briefen entnommen werden. Indem aber Luther die Rechtfertigung aus dem Glauben zum Centraldogma der neuen Kirche machte, so hat er es mit wahrhaft apostolischem Geiste gethan, indem er dadurch den ganzen inwendigen Menschen in Anspruch nahm; denn er hat dem Glauben nur dann eine rechtfertigende Kraft beigemessen, wenn derselbe die Liebe erzeugt, und wenn diese Liebe sich als des Gesetzes Erfüllung darstellt. Darum war es ein Heraustreten aus Luther's Geiste und aus dem schriftgemäßen Charakter, wenn nach seinem Tode Viele das Ethische völlig in den Hintergrund stellten, die Werthlosigkeit der sittlichen Werke behaupteten, während Einer sie sogar als schädlich bezeichnete. Christenthum war somit die bloße verständige, äußerliche Aneignung des Lehrbegriffs und Vertheidigung desselben mit dem Munde und der Feder. An die Stelle der katholischen Werkheiligkeit trat die Werkheiligkeit des Glaubens, eines todten Mundglaubens, der an sich schon verdienstlich sei und die Seligkeit verbürge *). Uebrigens wurden die antinomistischen, synergistischen, calvinistischen Streitigkeiten nicht blos in theologischen Schriften, sondern von den Kanzeln herab geführt. Und wahrlich, diese Predigten strebten den apostolischen Vorbildern nicht nach; weder war an ihnen die Trennung von Glaube und Werk apostolisch, noch die Verleugnung jeder Liebe, ja alles menschlichen Billigkeitsgefühles, indem man die Gegner auf das Schmählichste verläumdete, auf das Gehässigste verdächtigte, Obrigkeiten und Volk gegen sie fanatisirte, um wo möglich Vertreibung, Amtsentsetzung, Kerker, Folter, Tod über sie zu bringen. Die meisten Predigten waren bloße theologische Disputirübungen über dogmatische Spitzfindigkeiten,

---

*) Hagenbach, der evangelische Protestantismus I. S. 259.

in der Form höchst geschmacklos, oft anstößig *). Und dies alles darum, weil man von freier, unbefangener Schriftforschung sich zurückgezogen und die Schrift hinter die Bekenntnißschriften zurückgestellt hatte, nicht um sich auf den Geist, sondern den Buchstaben derselben zu berufen. So war es denn eine dankenswerthe Rückkehr zum Geiste Luther's, wenn Johann Arndt von der Rechtgläubigkeit verlangte, daß aus ihr die innere Wiedergeburt hervorgehen müsse. So stellte sich seine und seiner zahlreichen Nachfolger Predigt wieder auf den Standpunkt der heiligen Schrift, freilich nicht ohne Seitens der Orthodoxie den Vorwurf des Mysticismus auf sich zu laden, zum Zeugnisse, daß in jener Zeit Niemand über einseitiges Verstandeschristenthum klagen durfte, ohne sich Schmähungen und Verdächtigungen auszusetzen. Mit noch größerem Erfolge und in noch weiteren Kreisen wirkte am Ende des siebenzehnten Jahrhunderts Philipp Jakob Spener für Erweckung eines lebendigen praktischen Christenthums und für Neugestaltung der Predigt im apostolischen Sinne, indem er von der Predigt verlangte, daß sie nicht theologischen Streitfragen, sondern der Erbauung dienen solle. Zur Erreichung dieses Zweckes weckte er den Sinn für eifrige Schriftforschung bei Gelehrten und Ungelehrten und stellte die Schrift über die Symbole.

Indem wir nunmehr den Charakter der evangelischen Predigt im achtzehnten Jahrhundert aufsuchen, sind wir uns im Voraus bewußt, in diesem Jahrhundert einem großen Umschwunge auf allen geistigen Gebieten, wie auch auf dem religiösen, zu begegnen. Man hat das achtzehnte Jahrhundert mit Recht das kritische genannt; jene harmlose Zeit war vorüber, wo die Zustände unmittelbar mit dem Charakter der Autorität bekleidet waren und Niemand nach ihrer Berechtigung fragte; vielmehr trat nun das Bewußtsein der Menschen ihren eigenen historischen Zuständen gegenüber; das thatsächliche Bestehen galt nicht mehr als ausreichender Grund des Bestehens, dabei war es nicht etwa die Tendenz, die Sache selbst zu negiren, sie sollte in ihrem Werthe Bestand haben, aber nicht im Autoritätscharakter, sondern hindurchgegangen durch den Gedankenproceß und bewährt durch freie Anerkennung.

*) Hagenbach, der evangelische Protestantismus I. S. 261 ff.

Dieses Aufgeben der Autorität, dieses Verlangen, das Thatsächliche zu beurtheilen, machte sich bereits im Anfange des Jahrhunderts in England und Frankreich geltend, es trat im englischen Deismus als antikirchlich und im französischen Encyclopädismus sogar als antireligiös auf. Im deutschen Volke wurde durch die Leibnitz-Wolfische Philosophie der Gedankentrieb geweckt. Nicht der Inhalt des Christenthums wurde negirt, sondern das in einem überlieferten Kirchenthume thatsächliche Gegebensein dieses Inhaltes, wobei es dem Menschen nicht zustehen sollte, diesen Inhalt zu beurtheilen. Jener Nimbus der Heiligkeit, der auf dem kirchlichen Worte der Geistlichkeit geruht hatte, war geschwunden, man fragte nach dem Rechte der beanspruchten Autorität. Eine Zahl von Theologen, angeregt von Leibnitz, wollten der Vernunft in Sachen des Glaubens eine Berechtigung zuerkennen; sie wollten beweisen, daß die wesentlichen Glaubenslehren vernünftig seien, und daß der Theologe sich bemühen müsse, so viel Vernunft als möglich in den Glaubenslehren zu finden. Um einen Glaubenssatz für wahr zu halten, genüge nicht der Nachweis, daß er in der Schrift begründet sei, man müsse auch nachweisen, daß er mit der Vernunft übereinstimme. Es rief dies eine große Bewegung hervor, indem man Seitens der großen Majorität der Theologen der Vernunft ein solches Richteramt bestritt; ja, gegenüber diesem neuen gemeinschaftlichen Feinde, schloß die Spenersche Partei des sogenannten Pietismus mit der Orthodoxie Friede, gegen welche sie ehedem als Bewegungspartei aufgetreten war.

Es trat jedoch gegen die herrschende Theologie noch eine andere Partei auf, welche indeß auch von Philosophie nichts wissen wollte. Man meinte: wozu bedarf es überhaupt einer übernatürlichen Offenbarung, theologischer Systeme und tiefsinniger Speculation! Die uns vor Augen stehende Schöpfung sagt uns über Gott, so viel wir brauchen; aus der Natur erkennen wir Gottes Dasein, Macht, Weisheit, Güte. Mit gesundem Menschenverstande gestaltet sich jeder eine natürliche Theologie, an der er für seinen Hausbedarf genug hat. Dies braucht der Mensch für dieses Leben; für das künftige braucht er Hoffnung, Hoffnung auf Unsterblichkeit und auf einen gütigen Richter *).

*) Braniß, über den Einfluß der Philosophie im achtzehnten Jahrhundert, zweite Vorlesung, und Hodegetik S. 322.

Bei denjenigen aber, welche die Ansichten des englischen Deismus noch hinzu nahmen, trat die Rücksicht auf das Jenseits gänzlich in den Hintergrund, und der Schwerpunkt wurde völlig in das Diesseits verlegt; eine eigene Glückseligkeitstheorie wurde ausgebildet, der eine feinere Selbstsucht zu Grunde lag; dem Christenthume warf man vor, daß es die Natur des Menschen verunstalte und verkehre; man verlangte Prediger der Aufklärung, welche sagten, was der Mensch thun müsse, um schon auf dieser Welt sich und die Seinigen glücklich zu machen, ein guter, nützlicher Bürger und Hausgenosse zu werden. Und es fanden sich Prediger, welche sich nicht mehr mit Dogmen beschäftigten, sondern lediglich Moralpredigten hielten, d. h. eine Moral predigten, bei welcher vorzugsweise die Klugheit und die Nützlichkeitsrücksichten und die diesseitige Glückseligkeit das bestimmende Motiv waren, wozu die ewige Seligkeit höchstens noch nebenbei mit in den Kauf genommen wurde. So war an die Stelle des todten Glaubens, wie er sich in der kirchlichen Orthodoxie oft genug vorgefunden hatte, eine todte Moral getreten, d. h. eine mehr auf den Nutzen als auf das Seelenheil gerichtete Werkheiligkeit. Daß diese Predigtweise mit der apostolischen nichts gemein hatte, welche zwar auch moralisirt, aber nur auf dem Grunde des Glaubens, bedarf keines Nachweises.

Der weitere Umschwung auf dem Gebiete der religiösen Anschauungen knüpfte sich an den großen, mit Kant beginnenden philosophischen Entwickelungsproceß. Es ist ja dies die Zeit, wo die weltliche Literatur, vielleicht mehr als die Theologen und Prediger, auf die religiösen Ideen und die Entwickelung des Protestantismus Einfluß übte. Während im sechszehnten und siebenzehnten und noch im beginnenden achtzehnten Jahrhundert die Kirche der alleinige Träger des geistigen Lebens gewesen war, so daß Literatur, Kunst und Sitte großentheils Produkt des kirchlichen Lebens war, so fiel nunmehr der Schwerpunkt in diese, denn die weltliche Bildung hatte die geistliche überflügelt. Namentlich aber trat die Philosophie immer entschiedener als die herrschende Macht im Reiche der Intelligenz hervor. Das Interesse an Philosophie durchdrang alle Gemüther, bewegte alle Geister, beherrschte alle Bildung; die großen philosophischen Leistungen sammelten alle tiefen Regungen des nach Erkenntniß ringenden deutschen

Geistes in sich als in einem leuchtenden Brennpunkte, die ihre Strahlen wiederum erhellend, erwärmend, veredelnd in alles Leben und Streben des deutschen Volkes zurücksandten *). Namentlich erlangte die Philosophie auch auf die Theologie einen bestimmenden Einfluß, so daß die systematische Theologie zum Reflex der verschiedenen Entwickelungsstufen der modernen Philosophie wurde und die Theologen sich nach philosophischen Schulen als Kantianer u. s. w. charakterisiren **).

Die moderne Philosophie, wie sie seit dem siebenzehnten Jahrhundert auftrat, nahm ihren Ausgangspunkt nicht, wie die Scholastik, vom christlichen Glauben, sondern unabhängig von ihm trat sie aus dem religiösen Gebiete auf den Naturboden, in die Sinnenwelt ***). Und dazu war sie berechtigt, denn auch die Natur ist eine Offenbarung Gottes, und die Vernunft ist im Menschen die Macht, Gott zu vernehmen in sich selbst und in allem Dasein außer sich. Und so entfaltete die Vernunft unabhängig vom theologischen Bewußtsein und lediglich von ihrer eigenen Kraft getragen, in einem philosophischen Streben ihre speculative Energie, um sich das Reich der göttlichen Idee innerhalb der natürlichen Welt zu erschließen, das Ewige aus dem Zeitlichen als aus seiner Offenbarung zu verstehen, und das Zeitliche aus dem Ewigen als aus seiner Wahrheit zu begreifen. Die Philosophie muß ja auch sein das Erkennen Gottes in der Welt und der Welt aus Gott †). Dieser alle Erkenntnißgebiete umfassende wissenschaftliche Erkenntnißproceß zieht sich bis in unsere Gegenwart hinein ††).

Für unsern Zweck genügt es, daran zu erinnern, daß die praktische Seite der Kantischen Philosophie einen subjectiven Theismus aufstellte, worin Gott, Freiheit, Unsterblichkeit zwar nicht als philosophisch bewiesen auftraten, aber doch als Postulate der praktischen Vernunft gerechtfertigt wurden. Kant nannte die auf diesem Wege gewonnene Anerkennung der genannten Vernunftideen einen Vernunftglauben oder Rationalismus. Eine Partei von Theologen, geleitet von dem in der

---

*) Braniß, Rectoratsrede über die Würde der Philosophie S. 6. 7.

**) Braniß, Hodegetik S. 256.

***) Braniß, Religion und Phil. S. 185.

†) Braniß, Rectoratsrede S. 9. 19.

††) Braniß, Hodegetik S. 318.

Zeit liegenden Interesse, die Dogmen der Kirche durch Gründe der Vernunft zu unterbauen, eignete sich die Kantische Beweisführung an, und rechtfertigte sich den Glauben an die Weltschöpfung Gottes, die Verbindlichkeit des Sittengesetzes und die persönliche Fortdauer durch die von Kant aufgestellten Argumente, daß nämlich die dem sittlichen Zwecke, welcher sich in der Welt realisirt, entsprechende Einrichtung der Natur auf einen sittlichen und intelligenten Weltschöpfer schließen läßt; daß der theils moralische, theils unmoralische Weltlauf auf einen jenseitigen gerechten Vergelter hinweist, und daß die persönliche Selbsterfahrung des Einzelnen von seiner sittlichen Freiheit ihm die Pflicht auferlegt, diese seine Freiheit in einem sittlichen Wandel zu bewähren. Es würde gegen dies Verfahren der Theologen, welche den Namen „Rationalisten“ für sich in Anspruch nahmen und darauf ausgingen, den Offenbarungsglauben durch philosophische Argumente sich zu bewahrheiten, nichts einzuwenden gewesen sein, wenn sie sich entschlossen hätten, wie die Scholastiker thaten, diejenigen Stücke des christlichen Glaubens, für welche die speculative Rechtfertigung noch fehlte, im Glauben festzuhalten. Dies geschah freilich nicht, und so wurde denn das übrige Dogmatische entweder fallen gelassen oder umgedeutet und vorzüglich nur die moralische Seite des Christenthums in's Auge gefaßt, Gebet, Sacrament, Gottesdienst nur zu Stützen der Tugend gemacht. Christus galt als der weise, fromme Lehrer, sein Tod als der Heldentod der sittlichen Ueberzeugungstreue, seine Auferstehung als die Bürgschaft göttlicher Sendung. Man meinte dem Christenthum zu dienen, wenn man den Nimbus von Geheimnissen, womit man seine hohe, ehrwürdige Gestalt umgeben, beseitige, alle Bestimmungen über seine höhere Würde, Natur und Abkunft weglasse und sich einfach an seine Aussprüche über Gott und Unsterblichkeit, an seine unübertreffliche Sittenlehre und an sein in der Geschichte unübertrefflich dastehendes Beispiel halte. Der Rationalismus wollte durch ein Herunterstimmen der religiösen Gefühle auf den herrschenden Ton der Zeit diejenigen wieder für die Kirche gewinnen, welche sich derselben entfremdet hatten; er wollte in der bewegten Zeit das Christenthum dadurch retten, daß er es den freilich sehr sparsamen Bedürfnissen der Zeit anpaßte. Auch in der Kanzelsprache näherte man sich der täglichen Umgangssprache;

man redete nicht von Heiligung, sondern von Rechtschaffenheit, Tugend und gewissenhafter Pflichterfüllung, nicht von Wiedergeburt, sondern von Besserung, nicht vom Frieden Gottes, sondern von Glückseligkeit, nicht von den Früchten des Geistes, sondern von den Wirkungen einer tugendhaften Gesinnung.

Es leuchtet ein, daß diese Predigtweise mit der apostolischen wenig Aehnlichkeit hatte; die Christologie, Soterologie und Eschatologie der letztern fand sich in der erstern nicht wieder; kann man doch nicht einmal sagen, daß der theologische Gedanke der apostolischen Predigt, jenes „in ihm leben, weben und sind wir, er ist nicht ferne von einem Jeglichen unter uns,“ in der Predigt des Rationalismus zu seinem Rechte kam. War es ja doch die Schranke der Kantischen Philosophie, Gott nur als transscendent zu denken, ihn wie das Uebersinnliche überhaupt für unerkennbar zu erklären; so hielt auch der Rationalismus Gott nur im Bewußtsein des unerkennbaren, jenseitigen Gottes fest, dessen Allmacht und Weisheit im Weltall, dessen Heiligkeit im Sittengesetz der menschlichen Vernunft offenbar ist. So ist Gott ein von der Welt getrenntes Wesen, das zum Menschen selbst in keine wesentliche Verbindung tritt, vielmehr in seiner Selbstgenugsamkeit fern von der Welt sein eignes Leben lebt, und höchstens, wie es einmal die Welt geschaffen, so auch einst wieder die Welt richten wird. Da kam freilich nichts von dem der Welt einwohnenden, uns allezeit gegenwärtigen, mit unserem Wesen sich einenden, uns durch sein Einwohnen in uns beseligenden Gotte oder dem Johanneischen Logos vor; daher konnte auch von dem Einwohnen dieses Logos in Jesu Christo nicht die Rede sein, und so vermochte der Rationalismus für die Idee Christi keinen andern Begriff als den des sittlichen Ideals zu gewinnen. Es war ein moderner Ebionitismus, welcher wohl einen Jesus, aber keinen Christus hatte. Wirkend gleichwohl in einer Kirche, welche sowohl in ihrem öffentlichen Bekenntnisse als in allen liturgischen Formen einen Kreis christlicher Vorstellungen darlegt, dessen Wahrheit er nicht anerkennen konnte, mußte er fortwährend umdeuten, wegerklären oder umgehen und hatte so vollauf zu thun, die Pastoralpraxis mit der theologischen Ueberzeugung, so gut es gehen wollte, in Einklang zu bringen. So bewegte er sich in der Inconsequenz, sich praktisch gefallen zu lassen, was er theoretisch verwerfen mußte, und mit einem Kirchenthume zu capituliren, in welchem er seine Wahrheit nicht wiederfand *). — Gleichwohl ist es im höchsten Grade ungerecht, wenn über den Rationalismus so unbarmherzig, wie es in der neuern Zeit Sitte geworden ist, der Stab gebrochen wird; er hat vielmehr der damaligen Zeit sehr wesentliche Dienste geleistet. Schon der englische Deismus hatte die Moralität geleugnet und die Tugend zur Dienerin der Genußsucht gemacht. Der französische Encyclopädismus war noch weiter gegangen, hatte Gott, Tugend, sittliche Freiheit und Unsterblichkeit für Phantome erklärt und es Selbsttäuschung genannt, wenn man meine, daß der Mensch jemals aus andern Motiven als aus Selbstsucht und Selbstliebe handeln könne. Mit der Herrschaft der französischen Bildung und Literatur kam dieser Materialismus auch nach Deutschland und bürgerte sich namentlich in den höheren Ständen ein, dem Leserkreise Wielands, welcher die Philosophie des Genusses auf poetischem Boden predigte und alles Uebersinnliche als „Ueberschwenglichkeit" mit den Waffen des Witzes bekämpfte. Da war es eine große, nicht genug zu preisende That Kants, wenn er Gott, Tugend und Unsterblichkeit vor den Zweiflern und Spöttern doch wenigstens insoweit rechtfertigte, daß sie Gegenstand eines „Vernunftglaubens" sein durften. Wenn nun der Rationalismus Gott, Tugend und Unsterblichkeit zum Hauptthema seiner Predigten machte, so hat er damit segensreich gewirkt. Die Zeit bedurfte den materialistischen und frivolen Tendenzen gegenüber einer Anregung für das höhere Leben, einer sittlichen Kräftigung, einer Hinweisung auf das Unsichtbare, nicht mit Händen Greifbare, einer Weckstimme, welche die von allem sinnlichen Erfolge unabhängige Würde der Tugend hervorhob, den Blick vom Staube des Erdenlebens zum Himmel lenkte. Wollte man einwenden, daß der Kampf gegen Unglauben, Selbstsucht und Immoralität der Zeit ja der kirchlichen Orthodoxie hätte können überlassen werden, so ist zu berücksichtigen, daß die Orthodoxie die moralische Seite des Christenthums hinter dem Glauben allzu sehr zurücktreten ließ, und daß andererseits die Formen, in denen das kirchliche Christenthum sich aussprach, nun einmal dem brausenden Zeitgeiste zu

*) Braniß, Hodegetik S. 258. 261.

eng geworden waren, und man sich dem herrschenden kirchlichen Systeme entfremdet fühlte. So kann man denn immerhin dem Rationalismus sein Verdienst lassen. Freilich hat er weder dem offenbarten Christenthume noch der Vernunft, weder dem Glauben noch dem Wissen wahrhaftes Genüge gethan und hat es nicht vermocht, eine wirkliche Versöhnung zwischen beiden zu stiften. So sind wir denn darauf angewiesen, eine weitere Umschau zu halten und zu sehen, ob wir anderwärts einer solchen Versöhnung begegnen.

Der fernere geistige Fortschritt der Zeit war durch die Philosophie von Fichte, Schelling, Hegel vermittelt. Es läßt sich der Grundgedanke, der diesen Systemen gemeinsam ist, sehr kurz angeben. Er lautet: Gott ist ewiger und nothwendiger Weltgrund und die Welt ewige und nothwendige Folge Gottes. Es kann jedoch in der Folge nichts gegeben sein, was nicht im Grunde enthalten wäre, und umgekehrt kann auch in dem, was wesentlich Grund ist, nichts sein, was sich nicht eben kraft seines Wesens als Folge ausdrückte; sonach muß die Welt ebenso nothwendig Gott, als Gott die Welt zum Inhalt haben. So geht denn die Welt ewig aus Gott hervor, aber sie ist ebenso das ewige Werden Gottes. In dieser Form des Werdens prägt sich das einige absolute Wesen zur Vielheit aus und tritt in einer Mannigfaltigkeit besonderer Wesen auseinander, und in diesem Besonderungsprocesse erschließt Gott seinen unendlichen Inhalt. So wohnt Gott der Welt als seiner Wesensentfaltung ein, und die Welt ist Gott als ihrem Grunde immanent. So ist aber auch der Gegensatz von Gott und Welt nur ein verschwindender, denn alles Gewordene vergeht und ist nur der vorübergehende Träger seines göttlichen Inhalts; es geht zurück in Gott als in seinen Grund, aber nur, um sich als Besonderes aus dem allgemeinen Grunde wieder herzustellen. So bringt sich in unendlichem Processe der Unterschied von Gott und Welt fortwährend hervor, um sich auch fortwährend aufzuheben. Die Welt ist das unendliche Medium der göttlichen Selbstverwirklichung; nur in diesem Medium ist Gott daseiend und hat daher keine andere Existenz als eine innerweltliche. In seiner primitiven Begriffsbestimmung ist Gott ein Ansichseiendes, somit reines Object. Allerdings enthält die Welt in ihrer unendlichen Gestaltenfülle auch ein subjectives Wesen, —

das ist der Mensch; er ist gleichfalls eine Gestalt des göttlichen Werdens, in ihm gelangt Gott zum Fürsichsein, zur Subjectivität; aber da auch der Mensch endlich ist, so ist er nur der vorübergehende Ausdruck des göttlichen Subjectwerdens, und so stellt nur in der unendlichen Reihenfolge der Generationen sich das Werden der göttlichen Subjectivität dar, worin Gott das unendliche Ziel seiner ist, aber niemals erreichtes Ziel wird, d. h. niemals als absolutes Subject zur Wirklichkeit gelangt. So ist Natur und Geschichte ein unendlicher Gottesproceß, worin sich nichts Anderes als Gottes ewige und nothwendige Natur herauslebt *).

Es versteht sich von selbst, daß jedes der genannten drei Systeme diesen Grundgedanken in verschiedener Weise zur Darstellung brachte. Desgleichen war die Beurtheilung, welche diese Systeme Seitens der Theologie fanden, sehr verschieden. Während Fichte von den Theologen des Atheismus angeklagt wurde, so widerfuhr es der Hegel'schen Philosophie, daß sie eine Zeit lang sehr günstig beurtheilt wurde, und man der Versicherung der älteren Hegel'schen Schule Glauben schenkte, welche dem Meister das Verdienst beimaß, dem vielhundertjährigen Streite zwischen Philosophie und Religion ein Ende gemacht zu haben. Ja, in der ersten Begeisterung meinten die Schüler allen Ernstes, daß dieser Friede ein ewiger sein werde, weshalb man auf der zu Ehren des Meisters geprägten Denkmünze Religion und Philosophie von dem vermittelnden Genius des Gedankens umfaßt und zusammengebracht darstellte **). Und in der That ist selbst aus den obigen dürftigen Andeutungen ersichtlich, daß in der genannten Philosophie ein echt christlicher Gedanke vorkommt, — der Gedanke des der Welt einwohnenden Gottes, welchen eben der Rationalismus nicht vermocht hatte in sich aufzunehmen. Durch den Grundgedanken, daß Gott aller Kreatur immanent sei, waren den Hegel'schen Theologen die Ideen des Logos, der Menschwerdung Gottes, somit auch das Dogma von der Gottheit Christi unmittelbar zugänglich; der Logos war ihnen das im Universum sich zum Geist verwirklichende göttliche Princip. In ihrer

*) Braniß, Hodegetik S. 126—128. 132—135.

**) Braniß, Hodegetik S. 44. Strauß, die christliche Glaubenslehre, Einleitung S. 1—3.

Stellung zur Kirche hatten diese speculativen Theologen es bequemer als die rationalistischen; die wesentlichsten, liturgisch wichtigsten christologischen Dogmen, welche den Rationalisten so mächtige Steine des Anstoßes waren, durften sie von ihrem wissenschaftlichen Standpunkte aus als wahr anerkennen. Ohne Mentalreservationen konnten sie sich auf den Kanzeln ganz orthodox und den Bekenntnißschriften conform äußern *). Wenn sie aber nicht blos vom innerweltlichen, sondern auch vom außerweltlichen Gotte und von persönlicher Fortdauer sprachen, so meinten sie nicht, daß dies ein Abfall vom Meister sei, denn allerdings finden sich in dieser Beziehung so unbestimmte und zweideutige Ausdrücke bei Hegel, daß die nicht tiefer Blickenden wohl allerdings jene Gedanken darin finden konnten. — Natürlich konnte diese Angelegenheit in dieser Halbheit, in welcher wir sie noch bei Marheineke finden, nicht bleiben. Jüngere und muthigere Schüler, — Strauß, Bauer, Feuerbach, — führten die Hegel'sche Lehre auf ihren wahren Gehalt zurück, zogen rückhaltlos alle Consequenzen aus derselben, bezeichneten die auf diesem Wege sich ergebende Doctrin für das allein berechtigte Gottes- und Weltbewußtsein, während sie das Christenthum für eine überwundene Bildungsstufe erklärten **). Der Sturm, welchen dies auf dem Gebiete der theologischen Literatur erregte, ist allerdings vorüber gegangen, ohne daß der Bau des Christenthums dadurch irgendwie in seinen Grundvesten beschädigt worden wäre. Dagegen haben jene Wetter in der Nähe und Ferne einen Niederschlag zurückgelassen, — es sind dies die christkatholischen und freien Gemeinden. Das Dogma derselben ist genau die Junghegelsche Lehre: Persönlichkeit und Außerweltlichkeit gehören Gott nicht zu, Gott geht nur dem Begriffe, aber nicht der Existenz nach der Welt voran; eine Weltschöpfung hat nicht stattgefunden, vielmehr ist die Welt ewige und nothwendige Folge aus Gott, die Welt ist Gott explicite, und Gott ist die Welt implicite ***); es giebt keinen historischen Christus, sondern die Menschheit ist der Christus, welcher im geschichtlichen Processe das Leben Gottes in sich zur Darstellung bringt; — (man hat also auf diesem Stand-

*) Braniß, Hodegetik S. 260—262.
**) Ebendaselbst S. 265. 266.
***) Ebendaselbst S. 247.

punkte wohl einen Christus, aber keinen Jesus). — Die sogenannten „letzten Dinge“ der christlichen Dogmatik sind ein bloßes Ideal, das bloße Phantasiebild des erreichten Weltzieles, während in Wahrheit dieses Ziel niemals erreicht, sondern nur im unendlichen Progresse angestrebt wird*); persönliche Fortdauer findet nicht statt, denn der individuelle Geist ist nur der vorübergehende und verschwindende Träger des absoluten Geistes. — Es versteht sich von selbst, daß die auf diesem Standpunkte laut werdende Predigt das directe Gegentheil der apostolischen sein muß. Möge diese Predigt auch noch hin und wieder von Gott reden, so hat sie doch kein Recht dazu, den „Welturgrund“, welcher reines Object, aber kein Subject ist, mit dem Namen „Gott“ zu beehren. So wenig der lebendige Gott, welchen Paulus den Athenern predigte, gleichbedeutend war mit dem ἓν ὄν des Parmenides, dem γιγνόμενον des Heraklit, dem σφαῖρος des Empedokles, dem κόσμος νοητός des Plato, ebensowenig kann auf Spinoza's Substanz, Fichte's moralische Weltordnung, Schelling's Identität, Hegel's absolute Idee der Name „Gott“ übertragen werden. So ist es denn selbstverständlich, daß diese kirchlichen Genossenschaften keinen Raum in der Landeskirche finden können, und so wiederholt sich für uns abermals die Frage, ob eine wahrhafte Versöhnung zwischen Glauben und Wissen denn in der Zeit noch nirgends erschienen sei, und ob es keinen Standpunkt gebe, auf welchem die Predigt ebensowohl den apostolischen Vorbildern entsprechen, als den geistigen Bedürfnissen der Zeit und ihrer Intelligenz Rechnung tragen könne.

Wir sind in der günstigen Lage, diese Frage bejahen zu können; denn die Philosophie ist nicht bei Hegel stehen geblieben, sondern ein tieferes Gottes- und Weltbewußtsein hat sich herausgebildet, eine Philosophie, welche jene Versöhnung in der That ermöglicht. Ob auch von Vielen verkannt, von den Meisten ungekannt, ist sie doch das bewegende Princip der gegenwärtigen Intelligenz, ist die lebendige Philosophie der Zeit, deren Erkenntnißleben sie ausdrückt. Aber sie ist nicht etwa eine Philosophie, die über Nacht hervorgewachsen wäre, die sich, unbekümmert um die großen philosophischen Leistungen der Ver-

*) Braniß, über Schleiermacher's Glaubenslehre S. 181.

gangenheit, auf eigene Verantwortung an die Arbeit begeben hätte, sondern es ist diese Philosophie im lebendigsten Zusammenhange mit dem großen durch Kant begonnenen philosophischen Processe, löst sich von demselben nicht ab, nimmt die Wahrheit jener Systeme in sich auf, ohne das Mangelhafte derselben zu theilen, ist vielmehr die Befreiung derselben von ihrer Schranke. So stellt sich diese Philosophie als das gediegene und bleibende Resultat des von Kant begonnenen philosophischen Processes, als das Ergebniß dar, welchem die moderne Philosophie durch ihre ganze Entwickelungsarbeit unaufhaltsam entgegengeführt wurde, und welches Kant's sittliches Ideal, Fichte's immanentes Ich, Schelling's absolute Identität, Hegel's absoluter Widerspruch jedes an seinem Theile hervorbringen halfen, — kurz es ist die Philosophie von Christlieb Julius Braniß, sich darstellend in seiner Metaphysik, seiner Religions- und Geschichtsphilosophie. Um es in aller Kürze klar werden zu lassen, wie durch diese Philosophie eine Versöhnung zwischen Glauben und Wissen nicht blos angebahnt, sondern in Wahrheit vollzogen sei, genügt es, die wesentlichen, auf das religiöse Gebiet Bezug habenden Gedanken derselben auszusprechen, was natürlich nicht in entwickelnder, sondern lediglich in assertorischer Weise geschehen kann. Nur als eine Versicherung kann es hier ausgesprochen werden, daß die Persönlichkeit und Außerweltlichkeit Gottes durch Braniß' Metaphysik gerechtfertigt worden ist. Was aber in der Idee des persönlichen und außerweltlichen Gottes eingeschlossen ist, ist Folgendes: — Gott ist nicht blos Weltgrund, die Beziehung zur Welt ist kein nothwendiges Moment in Gott, gehört nicht zum Wesen Gottes; Gott ist sowohl dem Sein als dem Wesen nach von der Welt unterschieden, sein Sein ist in keiner Weise durch die Welt vermittelt, die Welt ist nicht das Werden Gottes, Gott strebt nicht im unendlichen Processe der Natur und Geschichte seiner Subjectivität (seinem Fürsichsein) nach, sondern besitzt diese schon ganz ursprünglich, denn er ist die frei erzeugende Kraft seiner selbst, seine ewige Selbstthat und die ewige Beziehung seiner als Aktes auf sich selbst als That, und hierin ist er seine absolute Selbstbejahung, vermöge deren er nicht blos durch sich, sondern für sich ist. So hat Gott, unabhängig von seinem Verhalten zur Welt, ein reines und ursprüngliches Verhalten zu sich selbst;

die Welt ist nicht nothwendige Folge, sondern auf freie Selbstbestimmung zurückgehende Gottesthat *). Das Sein der Welt ist von Gott empfangenes Sein. Aber Gott ist von Ewigkeit alles Sein; indem er der Welt Sein zuertheilt, theilt er sich selbst der Welt mit und macht sich zum Inhalt der Welt; der schaffende Gott löst sich nicht von der Welt ab, wie der Baumeister vom Hause, Gott ist als Weltursache nicht causa transiens, sondern causa immanens. So tritt zur Außerweltlichkeit oder Transscendenz Gottes seine Innerweltlichkeit oder Immanenz hinzu, aber letztere ist nur möglich unter Voraussetzung und Fortbestand der ersteren. Bekanntlich nennt man die Lehre von der Transscendenz Gottes Theismus, die von der Immanenz Gottes Pantheismus, und so erhellt, daß die gewöhnliche Behauptung, jede Philosophie müsse entweder theistisch oder pantheistisch sein, durchaus falsch ist, vielmehr ergänzen beide einander; echter Theismus muß vielmehr pantheistisch, wahrer Pantheismus theistisch sein. So ist auch das Christenthum gleich sehr theistisch und pantheistisch, während das Judenthum lediglich Theismus gewesen war, welcher im Universum nur Gottes Händewerk erblickte, und das Heidenthum sich als ein einseitiger Pantheismus dargestellt hatte, denn seine Götter werden als im All, d. h. in der Ursubstanz des Universums entstanden gedacht **). Sehen wir es doch an der Predigt des Paulus zu Athen, wie in ihr ebensowohl das theistische als das pantheistische Moment ausgesprochen ist. Er verkündigt den Athenern den Gott, der die Welt gemacht hat und Alles, was darinnen ist und Jedermann Leben und Odem allenthalben giebt; aber er fügt auch hinzu: er ist nicht ferne von einem Jeglichen unter uns, denn in ihm leben, weben und sind wir. Daß hiermit der Gedanke der Immanenz Gottes ausgesprochen sei, wird auch von streng orthodoxen Dogmatikern eingeräumt. So sagt Ebrard: „Gott ist bei der Weltschöpfung nicht wie ein muhamedanischer Allah draußen stehn geblieben, sondern ist mit seinen vier Kräften (Offenbarung 4, 6) und sieben Geistern (4, 5) in sein Geschöpf eingegangen und durchdringt und durchwaltet dasselbe, bald das Geschaffene erhaltend, bald neuschöpferisch eingreifend, bald durch das Geschaffene selbst

*) Braniß, Hodegetik S. 129—137. 243.

**) Ebendaselbst S. 251. 252.

wirkend« *). Dies ist dasselbe, als wenn die Philosophie von Gott, sofern er der Welt einwohnt, sagt: er ist in der unendlichen Gestaltenfülle des Universums das gestaltende Princip, in allem Leben die belebende, in allen Seelen die beseelende, in allen Geistern die begeistende Macht. Das Johannesevangelium sagt vom Logos, welcher Fleisch wurde, daß er auch vor solcher Incarnation in der Welt war; es stellt ihn als das der Welt einwohnende schöpferische Princip dar, durch welches alles geworden (nicht »gemacht«, wie Luther übersetzt hat), und von welchem nichts in seinem Werden abgelöst ist (χωρὶς αὐτοῦ ἐγένετο οὐδὲ ἕν spricht die Immanenz des schaffenden Gottes sehr bestimmt aus, denn χωρὶς αὐτοῦ heißt nicht »ohne ihn«, sondern »abgetrennt von ihm«, wie Joh. 15, 5 χωρὶς ἐμοῦ »abgetrennt von mir« heißt und durch das vorangehende: »so ihr nicht in mir bleibt«, erklärt wird). Der Johanneische Logos ist der immanente Gott, welcher an dem transscendenten seine Voraussetzung hat, und inwiefern er in ihm als in seiner ewigen Möglichkeit ruht, der Sohn im Schooße des Vaters heißt. Der jenseitige schlechthin negationslos in sich bleibende Gott wird in der Schrift (1 Tim. 6, 16. Jacob. 1, 17) als unzugängliches Licht, darin nichts wechselt, nichts sich abschattet, charakterisirt; der Logos dagegen, d. h. der schaffend in die Negation eingehende Gott ist nach dem tiefen Worte des Johannes das Licht, welches fort und fort in der Finsterniß scheinet und eben hiermit der Exeget des jenseitigen Gottes wird, welchen Niemand sehen kann. Nicht bloß durch ihn, sondern auch in ihm und zu ihm ist Alles (Röm. 11, 36., vgl. Ephes. 4, 6.).

Nachdem sich herausgestellt, daß der theologische Gedanke der apostolischen Predigt in der genannten Philosophie seinen entsprechenden Ausdruck gefunden hat, möge dies auch vom christologischen Gedanken nachgewiesen werden. Folgendes möge als eine kurze Andeutung desselben gelten.

Gott hat im Schaffen sich zum Inhalt der Welt gemacht, und daher soll die Welt auch Gott offenbaren; ja sie selber soll die Offenbarung Gottes sein. Dies ist in vollem Maße dann der Fall, wenn

---

*) Ebrard, der Glaube an die heilige Schrift S. 55.

das innerweltliche Sein Gottes seinem außerweltlichen Insichsein gleich geworden ist. Nun offenbart zwar schon die Natur Gott, denn er ist in allem Daseienden die gestaltende Macht, in allem Leben das Belebende, in allen Seelen das Beseelende. Aber erst im Reiche der geschaffenen Geister offenbart er sich als das, was er an sich und abgesehen von der Welt ist, nämlich als Geist. So ist Gott in dieser Sphäre aus dem Sichsuchen und Sichbezwecken in das Gebiet des Sichfindens und Sicherreichens eingetreten, er ist als freie geistige Persönlichkeit offenbar worden. Aber auch der Mensch ist nicht ohne Weiteres die rechte Offenbarung Gottes; er ist zwar freie Geistigkeit und somit die Macht seines Seins, aber seine freie Geistigkeit trägt noch den Charakter der Naturbestimmtheit und somit unfreier Natürlichkeit an sich. Der Mensch ist erst dann im vollen Sinne des Wortes die Offenbarung Gottes, wenn er kraft seiner freien Geistigkeit oder des ihm einwohnenden göttlichen Wesens sein unfreies Naturdasein als eine ihm unangemessene Wirklichkeit verwirft, d. h. wenn er im harten Kampfe mit sich selbst seine Natürlichkeit an die Freiheit aufgibt und sich im Schmerz der Selbstverleugnung zur Gottgleichheit emporringt. Dies Ringen ist der Inhalt des weltgeschichtlichen Lebens und ist einerseits Menschenthat, aber andererseits zugleich Gottesthat, denn der Menschheitsgeist trat in solches Ringen nur ein auf Anregen des einwohnenden göttlichen Geistes (des in ihm seine Ichheit wirkenden Gottes), und gewinnt den Sieg nur durch die in ihm wirkende Gotteskraft. In der Arbeit der Generationenreihe führt er die Freiheit zum Siege, die ihm einwohnende Göttlichkeit zu völliger Offenbarung, die Welt zu ihrer Vollendung. Und solche Vollendung ist kein bloßes Ideal, kein im Unendlichen liegendes unerreichbares Ziel menschlichen Strebens, sondern es ist verwirklicht in dem Gottmenschen, der das Aufgeben der Natürlichkeit an die Freiheit absolut in sich vollzieht, dessen Selbstbejahung in der Gottesbejahung völlig aufgeht, so daß er in seinem Selbstbewußtsein nichts weiß als Gott und eben deswegen Gott in ihm sich selber weiß, kurz der Mensch, dessen geistige Persönlichkeit Persönlichkeit Gottes ist*). Das ist geschehen in der Fülle der Zeiten,

---

*) Braniß, Hodegetik S. 272—284.

d. h. nachdem Jesus Christus einerseits durch das mosaische Gesetz und die Propheten seine Vorbereitung und Verkündigung gehabt hatte, wie die apostolische Predigt wiederholt darauf hinweist, und nachdem andererseits hellenische Bildung, Kunst und Philosophie der Erscheinung Christi gedient und sie gezeitiget hatte, wie Paulus zu Athen andeutete, wenn er sprach: er hat sich den Heiden nicht unbezeugt gelassen. (Bekanntlich ist diese Weise der Vorbereitung Christi nachmals von der griechisch-alexandrinischen Fraction der apostolischen Kirche, namentlich von Clemens Alexandrinus so nachdrücklich betont worden) *). So hat der die ganze vorchristliche Geschichte bewegende Logos oder Christus, welcher diese gesammte vorchristliche Geschichte der Erscheinung des Gottmenschen entgegen führte, in Jesus seine völlige Offenbarung erlangt, und so ist das immer wiederkehrende Thema der apostolischen Predigt, daß nämlich Jesus der Christus ist, auch das Bekenntniß der Philosophie. — Vom menschlichen Geschlechte, in dessen weltgeschichtlicher Entwickelung geboren, ist Jesus Christus der Menschensohn, aber als Offenbarung des von der Welt absolut geschiedenen, ewig in sich seienden Gottes, weiß er sich zugleich als Gottessohn. So ist Christus das Ebenbild des unsichtbaren Gottes (Col. 1, 15. 2 Cor. 4, 4.), der unsichtbare Gott ist sichtbar geworden in dem Angesichte Jesu Christi (2 Cor. 4, 6), Gott ist geoffenbaret im Fleisch (1 Tim. 3, 16.), in Christo ist das ewige Leben, das bei Gott war, erschienen (1 Joh. 1, 2.), er ist der Glanz seiner Herrlichkeit und das Ebenbild seines Wesens (Hebr. 1, 3.), in ihm wohnet die ganze Fülle der Gottheit leibhaftig (Col. 2, 4.) oder wie Petrus vor Cornelius predigt, Gott hat Jesum von Nazareth gesalbet mit heiligem Geist und mit Kraft (Apostelgesch. 10, 38.).

So bleibt die Philosophie hinter dem Worte Gottes in der apostolischen Predigt nicht zurück in der Bezeichnung der Person und Würde Jesu Christi, sie stimmt mit ihm auch überein in Ansehung seines Werkes, indem sie sagt: sofern in Christo Gott und Welt sich

*) Braniß, Geschichte der Philosophie S. 352. Aus der hier von Braniß S. 80 bis 307 gegebenen Darstellung der Vorbereitung Christi durch den Hellenismus hätte die Theologie bereits große Aufschlüsse entnehmen können.

gleich sehr einigen und scheiden, ist er der Mittler zwischen beiden *); durch ihn ist der uralte Gegensatz von Natur und Freiheit im Menschen versöhnt, der Widerstreit der beiden in ihm gegen einander ringenden Gesetze geschlichtet; Christus hat alle hemmenden Gewalten des unfreien Naturdaseins, indem er ihre Wirkung in freier Liebe erduldete, für das ganze Geschlecht überwunden. Sein siegreich durch den Tod gedrungenes Leben hat seine Person zwar dem sinnlichen Auge entrückt, ist aber als die beseligende Macht in ihr zurückgeblieben und bietet sich allen Menschen dar **). Dies ist der Christus, von welchem Petrus zu Jerusalem predigt, daß Gott ihn zu seiner Rechten erhöhet hat, von wo er uns seinen Geist giebt (Apostelgesch. 2, 33.). Und dieser Christus ist Erlöser nicht mit seiner Lehre, sondern mit seiner Person, wie gleichfalls Petrus bezeugt: es ist in keinem Andern Heil, ist uns auch kein anderer Name gegeben, darin wir könnten selig werden (Kap. 4, 11. 12.). Und wenn Petrus predigt: Gott hat den gekreuzigten Jesus zu einem Herrn und Christ gemacht (2, 36.); er hat den Frieden verkündigen lassen durch ihn, der ein Herr ist über alles (4, 36.); der Stein, von den Bauleuten verworfen, ist zum Eckstein geworden (4, 11.); — und wenn Paulus zu Antiochia spricht: Gott hat Jesum gezeugt dem Volke Israel zum Heiland und hat ihn den Heiden zum Licht gesetzt (13, 23. 47.), — so spricht die Philosophie in gleicher Weise Christum als denjenigen aus, in welchem das Alte vergangen, und Alles neu geworden ist, und bezeichnet den ganzen Inhalt des von Christo anhebenden und durch ihn inspirirten neuen weltgeschichtlichen Lebens als die Wiedergeburt Christi, d. h. als die sich vollbringende Hineinbildung des Geschlechtes in jene Einheit des absoluten und endlichen Geistes, welche in Christo sich vollzogen hat. Sie sagt: — Nächst seinem persönlichen Insichsein muß Christus auch sein Sein im Geschlechte haben, muß als der erreichte Zweck des Geschlechtes in diesem selbst seine Darstellung finden. Sein persönliches Erscheinungsleben mußte sich eben deshalb abschließen; ja ein nothwendiges Moment in der Arbeit seines zeitlichen Daseins selbst war die

*) Braniß, Geschichte der Philosophie S. 350.

**) Ebendaselbst S. 354. 355.

Aufhebung solches Erscheinungslebens, war sein äußeres Scheiden von den Menschen, damit er in ihnen werde. Sagte er ja doch ausdrücklich den Seinen, es sei ihnen gut, daß er die Welt verlasse, in seinem Hingange liege die Sendung seines Geistes; seine Rückkehr zu Gott sei zugleich seine Einkehr in das Innere des Menschen *). Jeder gewinnt an diesem sich mittheilenden Leben Christi ganz unmittelbar Theil, wenn er der an ihn gelangenden Botschaft des Evangeliums Glauben schenkt und eben damit die erlösende Wirksamkeit des Gottmenschen frei anerkennt **). Solches gläubiges Anerkennen ist aber nicht blos die Annahme einer Meinung, sondern erweist sich in Allen, die es vollziehen, unmittelbar als eine ihr ganzes Leben umgestaltende Macht, denn in und mit demselben zieht das Leben Christi in das Innere des Menschen ein, jene siegreiche Gotteskraft, welche alles Natürliche zum Organ der Freiheit verklärt und als ein neuer Geist die Seele heiligend alle unlautern Gewalten des unfreien Daseins, Irrthum und Unsittlichkeit fort und fort überwindet. Diese Gemeinschaft mit dem Leben Christi nimmt die ganze Existenz des einzelnen Menschen in Besitz und wird in ihm zum Individualleben, wird aber auch das lebendige Band, welches alle Gläubigen zu einer einigen, gottbewegten Gemeinde verknüpft ***).

So kommt nicht blos der soterologische Gedanke der apostolischen Predigt von der erlösenden Kraft des Glaubens zu seinem Rechte, sondern es findet auch die tiefere Entwickelung, welche dieser Gedanke in der Schrift gefunden hat, ihren Wiederklang, daß durch den Glauben Christus uns nicht äußerlich bleibt, sondern in uns eingeht, in uns geboren wird, in uns Wohnung nimmt, wir in Christi Bild verklärt und in Christo eine neue Creatur werden, so daß von uns das Wort gilt: ich lebe, doch nun nicht ich, sondern Christus lebt in uns; wer Christi Geist nicht hat, der ist nicht sein. So wird Christus die Thür, der Quell, der Weinstock, das Brod des Lebens.

Und so möge denn zuletzt noch der eschatologische Gedanke der genannten Philosophie kurz berührt werden. Er lautet:

*) Braniß, Geschichte der Philosophie S. 354.
**) Ebendaselbst S. 355.
***) Ebendaselbst S. 355.

Das neue Geschichtsleben geht von der unmittelbaren lebendigen Gewißheit aus, daß der Gottmensch bereits erschienen ist und mit seiner befreienden, entsündigenden Kraft dem erlösten Geschlechte einwohnt, und Gestalt in ihm gewinnt *). Und so nimmt sich die Menschheit in die freie Macht des über alle Natürlichkeit schlechthin siegreichen Geistes auf, macht sich zum Organ desselben, nimmt die in Christo erschienene Gottmenschheit in sich auf, wird eine nicht blos von Christo ergriffene, sondern durchdrungene Menschheit **). Ihr absolutes Ziel erreicht die Welt darin, daß jenes sich vollständig vollzieht, der Gottmensch sich zur allgemeinen Weltwirklichkeit herauslebt, und das in der Welt wirkliche Gottesreich in seiner innern Vollendung den in Gott verborgenen Christus wieder offenbar werden läßt ***). Dann weiß und will das erlöste Geschlecht in sich nichts als Gott, die Schranke, welche die Welt von Gott trennte, ist gefallen, ihr Insichsein ist zum In-Gott-sein geworden. Aber auch der Unterschied zwischen der göttlichen Innerweltlichkeit und Außerweltlichkeit ist hiermit erloschen, Gottes Sein in der Welt ist seinem außerweltlichen Insichsein gleich geworden, er weiß und anerkennt die Welt als seine völlig herausgelebte Offenbarung (als sein entsprechendes Abbild). Eben hiermit empfängt sich jedoch die Welt aus Gott zurück, und ihr an Gott aufgegebenes Insichsein stellt sich wieder her. Gott und Welt fließen daher nicht in das einfache Eins des vorweltlichen Gottes zusammen, sondern einander gegenseitig enthaltend, sind sie eine in sich reflectirte Einheit, und das Mysterium, welches das alleinige Motiv der Weltschöpfung ist, dessen stille verborgene Macht in aller Natur webt und alles Herrliche in der Geschichte hervortreibt, — das kündlich große Geheimniß der Liebe ist es, das in der Weltvollendung seine volle Offenbarung erreicht. Die Liebe ist jene Einheit, in welcher Gott und Welt einander enthalten und in einander sich besitzen; sie ist die Lösung des Räthsels, daß die Welt im Verluste ihrer selbst sich wieder gewinnt, daß sie in sich bleibt, und doch in ihr Gott Alles in Allem ist. Die in der Wechselbeziehung zwischen Gott und Welt völlig offenbar gewordene Liebe

*) Braniß, Hodegetik S. 300.

**) Ebendaselbst S. 284.

***) Braniß, Geschichte der Philosophie S. 355.

ist es, in welcher das inhaltschwere Wort Christi: „Ich in Dir und Du in mir“ — seine allumfassende und allbeseligende Erfüllung erreicht *).

Dieses großartige eschatologische Bild reicht allerdings über den engen Rahmen der apostolischen Predigt hinaus, welche fast nur von dem Regimente Christi, bis alle Feinde zum Schemel seiner Füße gelegt sind (Apostelgesch. 2, 35) und dem dereinstigen Weltgerichte durch Christus (10, 42.; 17, 31.) redet, vielmehr finden sich alle wesentlichen eschatologischen Bestimmungen aus den Reden Christi darin wieder.

Und so haben wir denn hier eine Philosophie vor uns, in welcher das Wissensinteresse auf speculativem Wege eine Gottes- und Weltanschauung gestaltet hat, welche mit der christlich-religiösen sich in wesentlichem Einklange befindet. Es ist diese Philosophie nicht etwa eine Stimme des Predigers in der Wüste, sondern durch die Schriftwerke des Schöpfers dieser Philosophie und durch sein langjähriges erfolgreiches akademisches Wirken herangebildet, bekennt sich eine große Jüngerschaft zu derselben in der Nähe und in der Ferne. Und wenn die Herren Christian Weiße, Ferdinand Fischer, Hermann Fichte und die Mitarbeiter seiner philosophischen Monatsschrift, welche sämmtlich gleichfalls den Standpunkt der transscendenten Immanenz vertreten, auch dem Schöpfer dieser Philosophie nicht die Ehre geben, so haben sie doch von ihm gelernt. Freilich ist seit mehreren Jahrzehnten das Interesse an der Philosophie in den Hintergrund getreten, wie ja im Umschwunge der Zeiten die leitenden Mächte des Geistes ihre Herrschaft wechseln. Aber erloschen ist die Philosophie nicht, es wird die Zeit ihres machtvollen Hervortretens wiederkehren, und dann wird das neue philosophische Streben sicher an Braniß' System der Metaphysik wieder anknüpfen.

Es bleibt uns indessen noch ein Bedenken zu beseitigen. Wenn nämlich die Philosophie ein Gottes- und Weltbewußtsein gestaltet, in welchem alle Probleme in Wahrheit gelöst sind, und welches die Wahrheit der religiösen Ideen in sich ausdrückt, tritt dann nicht die Philosophie an die Stelle der Religion, das Wissen an die Stelle des Glau-

*) Braniß, Hodegetik S. 284—286. Braniß, Geschichte der Philosophie S. 355.

bens, so daß Religion, Glaube, Kirche hinweggezehrt werden? Wir antworten: Das kann niemals eintreten. Es ist zwar einstmals in der antiken Welt geschehen; dort hatte die vollständig entwickelte griechische Philosophie sich nachmals in den populären Gestalten des Stoicismus und Epikurismus zum gemeinsamen Bewußtsein der gebildeten Welt Griechenlands und Roms ausgestaltet, wodurch dieselben der Religion entfremdet wurden und sich in einer wissenschaftlichen Gottes- und Weltanschauung befriedigten. Auf das, was damals geschah, wiesen vor wenigen Jahrzehnten die Junghegelianer hin als auf etwas, was sich in unserer Zeit wiederholen müsse, und unternahmen es, nachzuweisen, daß sich die christliche Religion bereits vollständig in den speculativen Gedanken aufgelöst habe. Und natürlich! Wo man, wie in der griechisch- und modern-pantheistischen Philosophie, die Gottesidee in dem Begriffe des immanenten Weltprincipes völlig aufgehen läßt, da weiß man eben von keinem andern göttlichen Sein als der Gottesgestalt, welche der Mensch im Universum darstellt, und muß die Religion für Superstition erklären, welche einen Gott außer und über dem Menschen anerkennt. Diejenige Philosophie dagegen, welche neben der Innerweltlichkeit Gottes zugleich seine Außerweltlichkeit betont, statuirt natürlich auch ein Verhalten zu diesem außerweltlichen Gotte; ja, sie ist keineswegs gemeint, daß das Verhalten, welches sie selbst zu demselben einnimmt, das allein gültige oder erschöpfende sei, vielmehr anerkennt sie, daß das religiöse Verhalten zu Gott ein ebenso berechtigtes, ja unerläßliches sei neben dem philosophischen, denn es ist von wesentlich anderer Art. Hören wir hierüber den Schöpfer der in Rede stehenden Philosophie. Er sagt:

Wohl kann die Philosophie, welche sich zu der Einsicht erhoben hat, daß Subjectheit (Ichheit) das reine Wesen des speculativ erfaßten Absoluten sei, behaupten, daß es sich in Religion und Philosophie von einem und demselben Absoluten handle, aber dennoch fließen Religion und Philosophie nicht in Eins zusammen, sondern müssen einander frei lassen, weil die eine ein ganz anderes Verhältniß zu Gott ausspricht als die andere. Die Beziehung zwischen Gott und Mensch ist in der Philosophie eine einseitige. In der Philosophie verhält sich der Mensch zu Gott wie Subject zu Object, bezieht sich auf Gott als auf seinen

Gegenstand, bestimmt sich diesen, indem er über jede unvollständige Bestimmung so lange hinausgeht, bis der Gegenstand zu seiner durchgängigen und erschöpfenden Bestimmtheit gebracht ist, und nun hält der Philosoph seinen Gegenstand im lebendigen Erkennen fest; dies ist seine Beziehung zu ihm; diese Beziehung aber kann vom Gegenstande als einem Producte nicht erwidert werden. In der Religion ist dagegen die Beziehung zwischen Mensch und Gott eine gegenseitige. Der Religiöse weiß Gott nicht anders denn so, daß er sich zugleich von Gott gewußt weiß; er erkennt Gott als den, von welchem er erkannt ist, und in seinem Aufschauen zu Gott weiß er dessen Auge auf sich ruhend. Der Religiöse bezieht sich auf Gott, er strebt, er ringt nach ihm, erwirkt sich ihn durch Andacht und Gebet, aber er ist zugleich inne, daß er Gott erleidet, daß Gott nach ihm strebt, ihn zu sich zieht *). Kurz, in der Religion verhält sich der Mensch zu Gott, wie Subject zu Subject, der Mensch setzt sich darin zu Gott in das Verhältniß des Ich zum Du, er hält Gott als Wissenden fest, der ihn vernimmt, wenn er zu ihm betet, ihm antwortet, wenn er zu ihm redet **). Darf es nun als allgemein zugestanden angenommen werden, daß der Mensch das unabweisliche Bedürfniß hat, mit Gott in Wechselwirkung, in einem Verhältnisse gegenseitigen Gebens und Empfangens zu stehen, so leuchtet ein, daß die Philosophie niemals die Religion entbehrlich machen könne. Im Gegentheil, jedes in der Geschichte hervorgetretene Gedankensystem, welches sich seinen gegenständlichen Gott als einen persönlichen, mithin als einen solchen bestimmte, mit welchem eine Wechselwirkung möglich ist, hat thatsächlich in ein religiöses Bewußtsein geendet, das es als höchstes wahrhaft befriedigendes Resultat aus sich erzeugte ***). Aber auch die Religion vermag es nicht, die Philosophie überflüssig zu machen, denn es ist ein wesentliches Bedürfniß des menschlichen Geistes, die göttliche Wahrheit nicht blos als eine empfangene, sondern auch als freithätig erzeugte zu besitzen und andererseits Gott nicht blos aus der Offenbarung der Schrift, sondern auch in der Offenbarung der Natur

*) Braniß, Religion und Philosophie S. 174. 175.
**) Braniß, Hodegetik S. 238. 272.
***) Braniß, Religion und Philosophie S. 175.

zu vernehmen. Hat ja doch auch Paulus beide geistige Sphären als gleich wesentlich anerkannt, wenn er Ephes. 4, 13. sagt: bis daß wir alle hinan kommen zu einerlei Glauben und Erkenntniß des Sohnes Gottes. So sind denn Religion und Philosophie zwei gleich wesentliche, nicht von einander abhängige, sondern durchaus coordinirte Sphären, deren keine die andere zur Dienerin herabsetzen will. Indem die Philosophie aus ihrer sich selbst tragenden Gedankenwelt heraus den Inhalt der Religion frei bestätigt, kehrt sie nicht in das mittelalterliche Abhängigkeitsverhältniß zurück, sondern begrüßt in der Religion eine befreundete Genossin. Der Glaube aber darf dem Wissensinteresse nicht hemmend in den Weg treten; Glaube und Wissenschaft sollen einander frei lassen, sich aber nicht äußerlich zu einander verhalten, sondern sich in einander reflectiren, d. h. wie die denkende Vernunft in streng wissenschaftlicher Entwickelung zur freien Bestätigung des Glaubensinhaltes gelangt ist, so muß der Glaube von der principiellen Thatsache des Christenthums aus kraft theologischer Vertiefung in dieselbe sich zur Anerkenntniß der speculativen Idee fortbewegen. Die Theologie aber ist das Wissen, welches dem religiösen Verhältniß entkeimt und an ihm allein seine lebendige Wurzel hat, daher ganz und gar innerhalb der frei sich selbst tragenden Sphäre der Religion fallen muß *).

Uebrigens wird das Wissen schon darum niemals den Glauben hinwegzehren, da das Wissen immer wieder selbst an einem Punkte anlangt, wo es gläubig wird. Keine Philosophie wird jemals dialektisch ermitteln, was Gott in seiner Selbstanschauung erblickt, oder dialektisch Gott so wissen, wie er in seiner Ewigkeit sich selbst weiß **), oder in die Tiefen der Gottheit schauen. Aehnlich ist es mit der Christologie. Zwar besitzt die Philosophie die Idee des Gottmenschen als eine speculativ mit Nothwendigkeit sich ergebende, aber daß der Gottmensch kein bloßes Ideal ist, welchem das menschliche Geschlecht im unendlichen Progressus der Geschichte nachstrebt, sondern daß die geschichtliche Verwirklichung dieser Idee in Jesu gegeben ist, — das ist Sache des

*) Braniß, Hodegetik S. 240. 272. 343. 345.

**) Ebendaselbst S. 243.

Glaubens, und indem der Philosoph anerkennt, daß Jesus der Christus gewesen, ist der Philosoph Christ.

So hat sich denn bis jetzt Folgendes ergeben. Das Glaubens- und das Wissensinteresse ist in der christlichen Kirche in allen Zeitaltern vorhanden gewesen, denn beide sind im Wesen des Christenthums begründet; doch ist je nach dem Charakter der Zeit bald der eine, bald der andere Factor vorwiegend gewesen. In den letzten hundert Jahren ist der Factor des Wissens, nachdem er lange Zeit zurückgedrängt gewesen, mit verstärkter Kraft in den Vordergrund getreten. Vom Wissensinteresse geleitet, haben theologische Parteien sich an philosophische Systeme angelehnt, um sich von ihnen die Begründung religiöser Ideen suppeditiren zu lassen. Sofern das philosophische System, dem sie sich anschlossen, die Intelligenz der Zeit leitete und beherrschte, war die Predigt dieser Theologen allerdings eine zeitgemäße; ihre Stellung zur apostolischen Predigt aber hing davon ab, ob das genannte philosophische System zum Gedankenkreise der apostolischen Predigt in einer mehr oder weniger befreundeten oder gar feindlichen Beziehung stand. Die consequente Fortentwickelung des mit Kant begonnenen großen philosophischen Processes hat in den letzten Jahrzehnten zu einer Gestaltung der Philosophie geführt, welche sich mit dem christlichen Glaubensinhalte in wesentlicher Harmonie befindet, so daß die von ihr inspirirte Predigt ebensowohl zeitgemäß als den neutestamentlichen Vorbildern conform sein kann. Aber es ist dies nicht der einzige Weg, zu einer Predigtweise zu gelangen, welche sowohl zeitgemäß als apostolisch ist, denn die Versöhnung von Glauben und Wissen kann auch vom Glauben ausgehen, indem der Glaube vom maßgebenden Worte Gottes aus kraft theologischer Vertiefung in dasselbe zur Anerkenntniß derjenigen Bewußtseinsgestalt sich fortbewegt, welche die göttliche Wahrheit in ihrer Erfassung durch das reine Vernunftdenken gewonnen hat, d. h. zur Anerkenntniß der Gestalt, welche die religiösen Ideen oder das Gottes- und Weltbewußtsein in der Intelligenz der Zeit erlangt haben. So war es Schleiermacher's ernstes Bemühen, die Dogmatik unabhängig von philosophischen Standpunkten aus dem ihr eigenthümlichen Principe zu entwickeln. Und dies ist auch die Aufgabe der gläubigen Theologie oder Orthodoxie. Daß die Predigt derselben in ihrem innersten Kern und Wesen apostolisch sei, fällt Niemandem ein zu leugnen; wenn sie jenes thut, ist sie auch zeitgemäß; sie thut es aber, wenn sie ihren dogmatischen Inhalt durch die theologischen Kräfte der Zeit gestaltet. Denn wiewohl es in allen Zeitaltern der Kirche Orthodoxie gegeben hat, so war sie doch nicht in allen Zeiten dieselbe, sondern veränderte sich im Laufe der Zeit dadurch, daß sie die theologische Intelligenz der Zeit in sich spiegelte. Nur Eins ist all diesen Gestalten der Orthodoxie gemeinsam, — ihre ablehnende Stellung zur Philosophie, so daß eine Bewährung des Glaubensinhaltes durch Philosophie von ihr für unstatthaft erklärt wird. Daraus aber, daß die Orthodoxie den Glauben ohne das Wissen verlangt, wird ihr Niemand einen Vorwurf machen; fühlt ja doch auch ein sehr großer Theil der Gemeindeglieder sein religiöses Bedürfniß vollständig befriedigt, indem er die christlichen Glaubenswahrheiten in unmittelbarer Anerkennung, d. h. im Glauben aufnimmt und festhält. Und so ist auch die heutige Orthodoxie, wenn sie dies thut, in ihrem guten Rechte. Dagegen darf von ihr verlangt werden, daß sie sich ihren dogmatischen Gehalt in solcher Weise formulire, wie es der fortgeschrittenen Intelligenz unserer Zeit, d. h. dem tiefer gewordenen Schriftverständnisse entspricht, und es muß für unstatthaft erklärt werden, wenn die moderne Orthodoxie lediglich in die Theologie des sechszehnten Jahrhunderts zurückgreift, um ausschließlich von ihr die Formeln zu entlehnen, in denen sie das christlich-religiöse Bewußtsein darstellt. Die Theologie des sechszehnten Jahrhunderts trug die Schranken ihrer Zeit an sich und kann unmöglich in allen Beziehungen dem entsprechen, was eine fortgeschrittene Exegese und Hermeneutik in den Tiefen des Schriftwortes zu finden vermag. Geschieht dagegen die Schriftforschung in unbefangener und nicht dogmatisch vorweg eingenommener Weise mit den theologischen Kräften der Zeit, so wird man vom Standpunkte der gewonnenen dogmatischen Ergebnisse aus im Stande sein, zwar nicht — wie sich von selbst versteht, — in den rein negativen und destructiven Zeitideen, wohl aber in dem ernsten und besonnenen und nach positivem Gehalte ringenden Geistesstreben der Zeit Wahrheit zu entdecken, und dasselbe anzuerkennen.

Und so mögen denn schließlich einige von den Zeitideen genannt werden, mit denen Seitens der Theologie eine Verständigung ebensowohl möglich als nothwendig ist.

1. Die wissenschaftliche Intelligenz der Zeit anerkennt in Gott ein trinitarisches Verhalten, ja es ist die Eigenthümlichkeit der ganzen gegenwärtigen Philosophie seit Kant, die absolute Idee als sich in den Unterschied einführende und darin ihre Identität setzende Einheit zu fassen *). Allerdings ist diese Trinität nicht die una substantia et tres personae des Symbolum Quicunque, indeß kann man sich von wissenschaftlicher Seite über diese Differenz trösten, da nach einstimmigem Eingeständnisse **) in den Lehrbestimmungen der Bekenntnisse von Nicaea und Constantinopel Ausdrücke vorkommen, von denen die heilige Schrift ganz und gar nichts weiß, überdies auch die Uebertragung der griechischen Formel *μία οὐσία καὶ τρεῖς ὑποστάσεις* in die Formel una substantia et tres personae eine durchaus mißlungene ist, da *οὐσία* vielmehr essentia und *ὑπόστασις* substantia bedeutet, so daß die richtige Uebersetzung lauten müßte: una essentia et tres substantiae. Haben ja doch schon Augustin und Gregor von Nazianz, der eifrigste Schüler des Athanasius, jene Uebertragung gemißbilligt, und Letzterer hat sie nur mit der Armuth der lateinischen Sprache entschuldigt, indem er hinzufügte, daß Athanasius mit *ὑπόστασις* nur *ἰδιότης* (Selbstheit) gemeint habe. Was dagegen die heilige Schrift über Gott den Vater, Sohn und heiligen Geist sagt, stimmt allerdings mit dem oben genannten philosophischen Trinitätsgedanken im Wesentlichen überein.

2. Zu den Ueberzeugungen der Zeit, welche sauer errungen und unverlierbar sind, gehören die Sätze: Gott in der Natur! Gott in der Geschichte! ***) Gott in Christo! — aber in Christo nicht wie in Natur und Geschichte *κατὰ μέτρον* (Joh. 3, 34.), sondern in absoluter Fülle (Col. 1, 19.; 2, 9.); Jesus Christus ist nicht eine relative Menschwerdung Gottes, sondern er ist der Gottmensch im eminenten

---

*) Braniß, Geschichte der Philosophie S. 379.

**) Hagenbach, der evangelische Protestantismus S. 442.

***) Und dies ist nicht gotteslästerlich, ist ja doch Bunsen, wenn auch nicht der Urheber, so doch der Exeget jenes Wortes im weiteren Kreise der wissenschaftlich Gebildeten geworden.

Sinne des Wortes. Freilich trat er nicht als fertiges Resultat in die Welt, sondern, wie jedes menschliche Individuum, nur als das Problem seiner selbst geboren, übernahm er in seinem erscheinenden endlichen Leben die unermeßliche Arbeit seiner Selbstverwirklichung zum Versöhner, Erlöser und Mittler und vollbrachte sie frei *); oder um es in einer Schleiermacher'schen Formel auszudrücken: Gott war zwar auch schon in dem Jesuskinde, aber potentiâ, das actuelle Sein Gottes in ihm war ein werdendes und zu seiner Zeit allerdings in vollendeter Weise gewordenes. Hiergegen wird die unbefangene Schriftforschung in der That auch nichts einzuwenden haben, denn die Schrift sagt ja: das Kind wuchs und nahm zu an Alter, Weisheit und Gnade bei Gott und den Menschen, und so zeigt uns die Schrift in der That auf allen Altersstufen des Erlösers die göttliche Natur in entsprechender Harmonie mit der sich entwickelnden menschlichen, und somit eine völlige Wesenseinheit in dem Gottmenschen. Die Theologie des sechszehnten Jahrhunderts dagegen wird, wie ihr wiederum neuerdings von Martensen vorgeworfen ist, einen monophysitischen Anstrich nicht los, denn wenn das Kind in der Krippe nach seiner göttlichen Natur in göttlicher Allwissenheit die Welt regiert, so ist eben in Wahrheit nur Eine Natur vorhanden, nämlich die göttliche, und zwar nicht als eine der jeweiligen Altersstufe sich gemäß verhaltende, sondern als eine von Anfang an vollendete, so daß das Menschliche am Kinde als bloßer Schein, als bloße äußere Einhüllung auftritt. Ebenso illusorisch wird das Menschenthum, wenn nach der Ansicht der genannten Theologie Christus am Kreuze im Todeskampf allmächtig und allgegenwärtig Himmel und Erde regiert. Indem sie nun aber gleichwohl, wie sie nicht anders kann, das Menschenthum Christi festhält, so schwankt sie aus dem Eutychianismus in den Nestorianismus hinüber, denn sie kann nicht beide Naturen zur Einheit zusammenbringen; wir erhalten, wie Martensen sagt, zwei verschiedene Bewußtseinsreihen in Christus, die nie zusammen gehen wollen, gewissermaßen einen Christus mit zwei Köpfen.

3. Zu den fest begründeten Ueberzeugungen der Zeit gehört der

*) Braniß, Geschichte der Philosophie S. 351.

Glaube an die geistige Freiheit, an das unveräußerliche Recht freier Individualität. Es ist diese Ueberzeugung gewonnen aus der geistigen und sittlichen Selbsterfahrung des Geschlechtes, aus den Erfahrungen des unendlich reicher und mündiger gewordenen geschichtlichen Lebens und ist verbürgt durch die vorgeschrittene psychologische und anthropologische Wissenschaft. Dies ist das pelagianische Sichwissen des Menschen. Allerdings fühlt sich der Mensch auch unter der Macht des Allgemeinen stehend und von ihm determinirt, er empfindet sein Dasein und dessen Zustände als mit dem Charakter der Nothwendigkeit behaftet, kurz, der Mensch ist sich zugleich in augustinischer Weise bewußt; aber dies hebt sein pelagianisches Freiheitsbewußtsein nicht auf. Freiheit und Nothwendigkeit widerstreiten einander gar nicht, sondern beide Momente sind im christlichen Einzelleben jederzeit zugleich vorhanden, und nur je nach dem Wechsel der Seelenzustände tritt oscillatorisch bald die eine, bald die andere in den Vordergrund des Bewußtseins; Freiheit und Nothwendigkeit sind ebenso identisch als entgegengesetzt; ist ja doch der Nachweis der Identität von Freiheit und Nothwendigkeit eine der größten Errungenschaften der modernen Philosophie *). Freilich findet die Anerkennung des pelagianischen Freiheitsbewußtseins vor dem Tribunal der Theologie des sechszehnten Jahrhunderts keine Gnade, vielmehr hat dieselbe alle pelagianischen Momente möglichst ausgetilgt, um nur dem Augustinismus Recht zu geben. In der heiligen Schrift dagegen fehlt es nicht an pelagianischen Momenten; Naturbestimmtheit und Selbstbestimmung, Nothwendigkeit und Freiheit treten neben einander auf, der einzelne Mensch wird als ein determinirtes Moment in der Einheit des Geschlechtes, ja des Universums anerkannt und ihm doch zugleich eine unendliche Selbständigkeit zugeschrieben; alles, was er ist, hat er empfangen und ist es doch zugleich in freier Selbstthat geworden **). So hat die heilige Schrift bereits vor 1800 Jahren das moderne Philosophem von der Identität der Freiheit und Nothwendigkeit bestätigt. Hat ja doch auch

*) Braniß, Geschichte der Philosophie S. 384—386.
**) Ebendaselbst S. 284.

in der alten Kirche der Pelagianismus trotz anfänglich erlittener Verwerfung niemals aufgehört, vielmehr war man bemüht, den herben Augustinismus durch pelagianische Freiheitsmotive zu mildern.

4. Zu den im Zeitbewußtsein festgestellten religiösen Ideen gehört endlich auch die Ueberzeugung, daß, wie die Welt aus dem Glauben an Jesum Christum ehedem neu geboren wurde, auch das Aufgenommenwerden jedes Einzelnen in das Erlösungswerk und seine Wiedergeburt nur eine Frucht des Glaubens an Jesum Christum sein könne. Dies ist nicht eine Verwerfung der Rechtfertigung aus dem Glauben, aber es ist eine Erweiterung derselben, dahin gehend, daß Glaube nicht blos das Liebe und Heiligung erweckende Anerkennen einer einzelnen erlösenden That Christi ist, sondern daß er ist ein Leben in Christo und mit Christo, als dessen Resultat sich das Gestaltgewinnen Christi im Gläubigen darstellt. Auch hiegegen ist vom Standpunkte der heiligen Schrift nichts einzuwenden, da auch sie dem Glauben des Christen die Verheißung giebt, es werde durch denselben dahin kommen, daß das Wort am Gläubigen Geltung gewinnt: ich lebe, doch nun nicht ich, sondern Christus lebt in mir.

So ist denn für die gläubige Theologie bei unbefangener Schriftforschung eine Verständigung mit den wesentlichen religiösen Zeitideen möglich. Freilich giebt es Zeitrichtungen, mit denen weder der Glaube noch die Philosophie im Frieden leben kann, es ist dies der noch fortlebende und auch auf religiösem Gebiete sich ablagernde einseitige Pantheismus, sowie andererseits der Gott, Geist und ewiges Leben leugnende theoretische Materialismus, welcher den praktischen Materialismus nothwendig im Gefolge hat. Gegen diese rein negativen und destruktiven Zeitrichtungen muß sowohl von Seiten des Glaubens als der Wissenschaft gekämpft werden, denn durch den Materialismus wird nicht blos das religiöse, sondern auch das sittliche Leben untergraben. Aber die Waffen des Glaubens allein reichen nicht aus, es müssen auch die der Wissenschaft hinzugenommen werden. Allerdings besitzt der Glaube sehr wirksame Waffen gegen Unglauben und Aberglauben, gegen Welt, Irrthum und Sünde. „Thue Buße!“ sagt er zu dem, welcher durch Lüste in Irrthum verderbet ist; und gewiß hilft sittliche

Umkehr in den meisten Fällen zum Verständniß des Wortes Gottes, wie der Herr sagt: so Jemand wird den Willen thun des, der mich gesandt hat, der wird inne werden, ob diese Lehre von Gott sei, oder ob ich von mir selber rede. „Bitte den Herrn um Glauben!“ so lautet das mahnende Wort an den, welcher von dunklen Zweifeln umnachtet ist. Und gewiß, vor der Inbrunst des Gebetes weichen gar oft die Zweifel, und Gewißheit stellt sich wieder ein, denn mit dem Gebete zieht der kindliche Sinn wieder in das Herz ein, welcher in seiner Unmündigkeit erkennt, was den Weisen verborgen bleibt. „Erkenne die strafende Hand Gottes in deiner Trübsal und beuge dich unter dieselbe,“ — so lautet das Wort des Glaubens an die, denen in den Tagen des Glückes der wahre Tröster verloren gegangen ist, und für welche nun der Herr behufs ihrer Erweckung Unglück kommen ließ. Und gewiß hilft das zumeist, denn die Trübsale sind der Weg, auf welchem der Vater die Herzen zum Sohne zieht. — Aber bisweilen verfängt dieses alles nicht. Nicht immer erlösen Trübsale vom Unglauben; nämlich denjenigen nicht, welcher das Walten einer göttlichen Vorsehung überhaupt in Abrede stellt. Und wie soll man denjenigen um Glauben beten heißen, welchem der Glaube an den Gebet vernehmenden Gott durch materialistische Bedenken verloren gegangen ist? Und es ist auch nicht für alle die Buße der Weg zum Glauben, denn es giebt auch streng sittliche Naturen, welche nicht glauben, weil ihre Verstandesirrthümer es ihnen unmöglich machen. Manche unter ihnen möchten gern glauben, sie sprechen mit dem Worte der Schrift: Herr, ich glaube, hilf meinem Unglauben!

Da gilt es denn nicht, mit Drohen und Strafen und mit dem Anathem unter sie zu treten, sondern zu den Gründen des Glaubens die Gründe der Wissenschaft zu Hülfe nehmen, an ihre Verstandesirrthümer anknüpfen, um sie zu widerlegen und ihnen die Wahrheit des Evangeliums einleuchtend zu machen. So knüpfte Paulus vor den Athenischen Pantheisten an die Lehre der Stoa von der Immanenz Gottes in den Geistern der Menschen an, um ihnen das Einwohnen Gottes in Christo verständlich zu machen und sie zugleich zur Anerkennung der Transscendenz Gottes zu nöthigen. Daher konnte sich

Paulus rühmen: Ich bin Jedermann allerlei geworden, auf daß ich allenthalben ja etliche selig mache! (1 Cor. 9, 22.). Und so gilt es auch heute, da, wo es nöthig ist, mit den wissenschaftlichen Waffen dem Unglauben der Zeit entgegen zu treten. Der Glaube stößt den Zweifel zurück, aber widerlegt ihn nicht; er legt Zeugniß ab gegen die geistigen Irrthümer der Zeit, aber ihre Widerlegung muß auf wissenschaftlichem Wege erfolgen. Ist dies geschehen, so treten sie allmählich aus dem Bewußtsein der Zeit heraus. Daß in nicht allzu ferner Zeit auch die materialistische Weltanschauung, welche schon in so viel tausend Herzen Religion und Sittlichkeit untergraben hat, aus dem Bewußtsein der Zeit verschwinden werde, dürfen wir um so zuversichtlicher hoffen, als die Zahl der wahrhaft widerlegenden Schriften eine wachsende ist; namentlich darf der Materialismus durch Braniß' Schrift über „atomistische und dynamische Naturauffassung" als auf den Tod verwundet angesehen werden. Gegen falsche Philosophie hilft nur die wahre Philosophie. Und so ist durch philosophische Ueberführung schon Mancher, bei welchem, wie Jakobi sagt, das Herz zwar Christ, der Kopf aber Heide gewesen war, aus dem geistigen Banne erlöst, für den Glauben gewonnen und der heiligen Schrift wieder zugeführt worden und hat seitdem in der heiligen Schrift Wahrheit gefunden, die er vorher nicht darin geahnt hatte, hat in Schriftstellen einen tiefen göttlichen Sinn entdeckt, über welche er vordem hinweg gelesen, oder in denen er höchstens Metaphern erblickt hatte. So ist für Manchen die Philosophie zur Leuchte geworden, mit der er sich die Dunkelheiten der Schrift erhellte. Oder sollte die heutige größere christologische Tiefe bei den Dogmatikern der liberalen Richtung nicht auch eine Folge davon sein, daß die Philosophie den großen Gedanken der Immanenz Gottes zur Anerkennung gebracht hat, und es auch wissenschaftlich nicht mehr zuläßig ist, Christus unter dem dürftigen Gesichtspunkte des sittlichen Ideals festzustellen? So ist die Philosophie auch der Schriftauslegung förderlich. Als man den Erasmus fragte: was nützt Philosophie und Wissenschaft zur Schriftauslegung? so antwortete er: was nützt dazu die Unwissenheit? So kann denn die Philosophie, welche so lange als ein zweiter Saulus die Gemeinde der

Gläubigen verstörte, bei gar Manchem zum Apostelamte berufen sein *).

So sollen denn Glaube und Wissenschaft sich in einen immer volleren Einklang mit einander setzen. Natürlich ist dies nicht blos eine Mahnung für den Glauben, sondern auch ebenso für die Wissenschaft. Leider sind unsere empirischen Wissenschaften noch wenig dazu geeignet. Sie verlieren sich, dem Sinnlichen zugewendet, in lauter einzelnen Forschungen; die ihnen zuzumuthende Umkehr muß darin bestehen, daß sie das erfahrungsmäßig Gewonnene zur Erkenntniß des Uebersinnlichen, Geistigen zusammenfassen und auch ihrerseits dem Geiste dienen, von welchem alle Dinge sind, und zu welchem sie zurückstreben, d. i. Gott, so daß die Naturwissenschaft zur Erkenntniß Gottes in der Welt und zum Begreifen der Welt aus Gott sich gestalte, und die Geschichtswissenschaft immer mehr Gott in der Geschichte erfasse und den Gottmenschen als den absoluten Inhalt der Geschichte erkenne, zu welchem alle Wege der Geschichte hinführen, und von welchem sie ausgehen.

Die Kirche aber soll alle zerstreuten Lichtstrahlen der Erkenntniß in ihrem Schooße sammeln und ihrerseits wiederum leuchtend und befreiend in alle Geistesgebiete hinein strahlen. So stand sie einst am Anfange da. Ein vom christlichen Geiste bewegtes neues Geistesleben gestaltete sie in Staatsthum, Kunst und Wissenschaft; eine treue Hüterin des Wissens, förderte sie alle Zweige der geistigen Forschung, und in lebendigem Flusse entströmte ihr das göttliche Leben, das sie in sich aufgenommen. Der Geist Gottes in der Menschheit ging wahrhaftig durch sie hindurch, und ihr majestätischer Bau hallte wieder von seinem erhabenen Schritte. Als sie dagegen dem von ihr selbst angezündeten Geisteslichte verdunkelnd in den Weg trat, begann ihr in einseitiger Architektonik vollendeter Bau in eben dem Maße Schatten zu werfen, als die sie umgebende Helligkeit wuchs.

Darum muß die Kirche die Bewegung der Geister in sich aufnehmen und ihr vorangehen. Es dürfen nicht die leuchtenden Bilder

---

*) Braniß, Hodegetik S. 240.

deutscher Geistesheroen durch den Hauch zelotischen Eiferns getrübt werden; sie haben es verdient, daß Deutschland mit Stolz auf sie blickt; sie haben in einer Zeit politischer Ohnmacht den deutschen Namen vor den Augen Europas zu Ehren gebracht. So soll denn die flammende Wißbegier der Zeit zugleich bestehen mit deutscher Glaubenstiefe. Was unsere Zeit, welche lichtverlangend vorwärts dringt, einmüthig fordert, ist Versöhnung von Glauben und Wissen, Vernunft und Offenbarung.

FSC
www.fsc.org
MIX
Papier | Fördert
gute Waldnutzung
FSC® C083411

Kolibri 360 GmbH
Ferdinand-Jühlke-Straße 7
99095 Erfurt, Deutschland
produktsicherheit@kolibri360.de